XINSHIQI YUNJISUANJISHU
YU WULIANWANG FAZHAN YANJIU

新时期**云计算技术与物联网发展研究**

刘陶唐 著

U0194393

化学工业出版社
·北京·

内容简介

本书研究新时期云计算技术与物联网技术的发展，在阐述云计算的基础知识后，论述新时期云计算数据处理与数字孪生技术、云计算管理平台与开发技术，以及云计算安全分析与技术管理，从多个方面探讨新时期物联网发展的基础，深入分析新时期物联网的技术发展和应用。

本书既可作为计算机专业师生的教辅用书，也可作为计算机相关领域工作人员的参考读物。

图书在版编目（CIP）数据

新时期云计算技术与物联网发展研究 / 刘陶唐著.
北京：化学工业出版社，2025. 1. -- ISBN 978-7-122
-46712-6

Ⅰ. TP393. 027; TP393. 4; TP18

中国国家版本馆 CIP 数据核字第 2024XC3657 号

责任编辑：周　红　　　　　　　文字编辑：袁　宁
责任校对：宋　玮　　　　　　　装帧设计：王晓宇

出版发行：化学工业出版社
　　　　　（北京市东城区青年湖南街 13 号　邮政编码 100011）
印　　装：北京天宇星印刷厂
710mm×1000mm　1/16　印张 10½　字数 208 千字
2025 年 1 月北京第 1 版第 1 次印刷

购书咨询：010-64518888　　　　　售后服务：010-64518899
网　　址：http://www.cip.com.cn
凡购买本书，如有缺损质量问题，本社销售中心负责调换。

定　　价：99.00 元

随着信息技术的飞速发展，云计算和物联网作为两大核心技术，正逐步渗透到社会生活的各个方面，对经济发展、社会进步和科技创新产生了深远影响。在这个过程中，云计算以其高效、灵活、可扩展的特性，为企业和个人提供了前所未有的便利，从数据存储到计算资源分配，从软件开发到业务部署，云计算技术都展现出了其独特的优势，它改变了传统的 IT 服务模式，使得资源的利用更加高效，成本的降低成为可能。与此同时，物联网技术也在不断成熟和发展，通过将各种传感器设备等连接到互联网，物联网可实现数据的实时采集、传输和处理，为智慧城市、智能家居、工业自动化等领域的发展提供了强大的支持。物联网技术的广泛应用，不仅提高了生产效率，降低了能源消耗，还提高了人们的生活质量。

在这样的时代背景下，本书从新时期的云计算基础知识出发，详细阐述云计算的特点、类型、基本架构、效益与价值以及其与物联网技术的对比和融合，深入探讨云计算的数据处理与数字孪生技术、管理平台与开发技术，以及云计算的安全分析与技术管理，为读者提供一套完整的云计算技术体系。在物联网部分，从物联网发展的基础讲起，阐述物联网的原理、体系架构、标准化发展及技术创新，进而探讨物联网的感知定位技术、设备识别技术、数据可视化技术和网络通信技术，并详细分析物联网在农业、智慧照明、污染源监控和智慧城市建设等领域的应用发展。

作者在本书的撰写过程中，注重知识的系统性和完整性，力求为读者构建一个全面、深入的云计算与物联网知识体系，并遵循深入浅出的原则，采用通俗易懂的语言，确保无论是初学者还是专业人士，都能够轻松掌握云计算与物联网的核心知识。

著者

目录 Contents

第一章
新时期云计算的基础认知

第一节 云计算的特点与类型

云计算是一种基于互联网的计算模式，通过将计算资源（包括计算能力、存储空间、网络带宽等）以服务的形式提供给用户，实现按需获取、灵活使用和按实际使用量付费。在云计算模式下，用户可以通过互联网随时随地访问和利用云服务提供的计算资源，而无须拥有和管理实际的物理设备。

一、云计算的特点

云计算是一种新型的计算模式，具有可扩展性、灵活自如、根据需要使用等特点，受到学界和业界的一致好评。云计算的基本特点主要有以下方面。

（一）资源池的抽象性

在云计算环境下，用户无须关心资源的具体位置，而是可以直接从资源池中获取各种计算资源。这意味着用户无须了解服务器的物理位置或网络存储的具体分布情况，而是通过云服务提供商提供的统一接口直接获取所需资源。资源池的抽象性使用户能够更加专注于自身业务需求，而不必过多关注底层的物理设施。资源池还具备动态扩展和自我分配的能力，即当用户需求增加时，云计算管理平台可以自动扩展资源池的规模，以满足用户需求，从而提高系统的灵活性和可扩展性。云计算管理平台通过这种方式，实现了对资源的高效管理和调度，使得用户能够在不增加复杂性的前提下享受优质的计算服务。

（二）提供自助服务

云计算管理平台通过自助服务的方式，使用户能够根据自身需求灵活使用资源。这一特性表明，用户可以绕过与云服务提供商的直接沟通，直接获取所需的服务器、网络存储和计算能力等资源。通过这种方式，企业能够根据业务需求，灵活地进行云资源的动态调整和配置，避免烦琐的人工审批和配置过程。这种灵活性和自主性不仅提升了企业对市场需求的快速响应能力，还显著提高了资源的利用率和整体效率。云计算作为一种新兴技术，凭借其高效、灵活的特性，已成为企业在竞争激烈的市场环境中保持竞争优势的重要手段。

（三）拥有独立系统

云计算系统是一个完全独立的体系，其管理模式具有高度透明性。在云计算系统中，软件、硬件和数据的配置与强化均可实现自动化，这使得整个系统运行更加高效稳定。用户接触到的是一个统一的平台，无论是在操作系统层面还是应用层面，均体现出一致性和统一性。独立系统的特性不仅方便用户管理和使用云计算管理平台，还增强了系统的安全性和稳定性。

（四）速度快且弹性大

云计算提供的计算能力在资源分配与释放方面展现出极高的弹性。当新的任务需要执行时，云计算管理平台能够迅速调配所需的计算资源，并在任务完成后及时释放这些资源，从而避免资源闲置与浪费。这种弹性计算能力不仅提高了云计算管理平台响应用户需求的效率，还使其能够有效应对工作负载的变化和不确定性。由此，云计算管理平台在资源使用上打破了传统计算资源分配中的时间和数量限制，使资源利用更加灵活和高效。这一特性赋予云计算在动态资源管理方面的显著优势，提升了整体运算效率和经济性。

（五）可评测的服务

云计算系统能够基于多项指标，如存储容量、数据处理能力和活跃用户账号数量等，自动调节资源分配，以实现资源的合理利用。这种自动化资源分配机制不仅显著提升了资源利用率，还有效保障了服务的稳定性和性能。云计算管理平台通过提供全面的数据服务，使服务运行过程透明化，为用户带来更高的信任度。通过对各项指标的持续监控和精准评估，云计算系统能够实时调整资源分配策略，确保用户始终能够享受高质量的服务体验。这一机制的实现，既依赖于先进的算法和技术支持，也需要完善的管理和监控体系，共同推动云计算服务的高效运作和用户满意度的提升。

（六）用户界面友好

相比于网格计算、全局计算以及互联网计算等其他计算模式，云计算在用户界面方面表现出更强的用户友好性。用户在使用云计算时，无需改变原有的工作习惯，能够继续保留其熟悉的工作环境。通过安装较小且占用内存较少的云客户端软件，用户可以快速接入云计算管理平台，且该软件的安装成本相对较低。云计算的界面设计与用户所在地理位置无关，利用成熟的 Web 服务框架和互联网浏览器等接口，用户可以直接访问云资源，不受时间和地点的限制。这样的界面友好性不仅显著改善了用户体验，还增强了系统的安全性和可靠性，使得用户能够更加便捷地利用云计算所提供的各种资源和服务。

（七）网络访问方式多样化

云计算技术通过提供多种网络访问方式，显著提升了用户对云资源池的可达性。用户可以利用各类客户端设备，如智能手机、平板电脑和工作站点，便捷地连接并访问云服务。这种多样化的接入途径不仅极大地提高了用户使用的便利性与灵活性，还使得用户能够在任何时间和地点使用所需的云服务，从而有效地提升了工作效率。这种访问方式的多样化有助于优化企业的运营流程，用户通过移动设备获取关键信息和数据，使得工作场所的界限得以模糊，赋予员工更多的自由度和灵活性。在此背景下，企业可以更好地适应动态变化的市场需求，及时响应业务需求，提升整体竞争力。

（八）根据需要配置服务资源

云计算管理平台的资源和服务配置完全依据用户的需求和购买权限进行调整。用户在选择计算环境时，可以根据业务需求、预算限制及其他相关因素，灵活配置所需的服务资源。与传统的 IT 模式相比，云计算赋予了用户更大的管理权，使其能够更精确地控制和管理所使用的计算环境，从而提高资源利用率和运行效率。

二、云计算的类型

云计算模式涵盖的范围非常广，从底层的软硬件资源聚集管理，到虚拟化计算池乃至通过网络提供的各类计算资源服务。因此，具体的云计算系统具有多种形态，提供不同的计算资源服务。

针对云计算系统可以提供何种类型的计算资源服务，以服务类型为划分标准，可以将云计算划分为基础设施类、平台类、应用类三类不同的云计算系统；以所有权划分，可以分为公有云、私有云、混合云和社区云。

（一）依据所有权划分

将云计算系统的所有者与其服务用户作为划分依据，可以将云计算系统划分为公有云、私有云、混合云和社区云，具体如下。

1. 公有云

公有云又称为公共云，即传统主流意义上所描述的云计算服务。公有云由云服务提供商创造各类计算资源，诸如应用和存储，社会公众以免费或按量付费的方式通过网络来获取这些资源，公有云运营与维护完全由云服务提供商负责。随着信息化技术及云计算技术的发展和普及，企业的传统用户关系管理和拓展方式弊端日益凸显，需要通过信息化技术来提高效率。目前，大多数云计算企业主打的云计算服务就是公有云服务，一般可以通过互联网接入使用。此类云一般是面向大众、行业组织、学术机构、政府机构等，由第三方机构负责资源调配。

（1）公有云的优点

第一，公有云具备出色的灵活性。在这种模式下，用户能够几乎即时地配置和部署新的计算资源，从而使得他们能够更专注于核心业务方面，提升整体商业价值。同时，用户在应用运行期间能够便捷地根据需求变化对计算资源进行调整和组合，确保资源的最优利用。

第二，公有云具备强大的可扩展性。当应用程序的使用量或数据量增长时，用户能够轻松地根据需求增加计算资源。许多公有云服务提供商还提供自动扩展功能，帮助用户在应用负载增加时自动增加计算实例或存储容量，保证系统的稳定性和可用性。

第三，公有云提供高性能的计算支持。在企业中，若某些任务需要高性能计算（HPC）支持，选择在自己的数据中心安装 HPC 系统将使成本高昂。相比之下，公有云服务提供商能够轻松部署最新的应用和程序，并提供按需支付的服务，为用户提供高性能计算资源，满足用户在不同应用场景下的需求。

第四，公有云成本相对较低。由于规模经济的效益，公有云数据中心可以获得大部分企业无法达到的经济效益，因此公有云服务提供商的产品定价通常相对较低。除了购买成本外，通过公有云，用户还能够节省其他成本，如员工成本和硬件成本等。这使得公有云成为企业节约成本、提高效率的重要途径之一。

（2）公有云的缺点

第一，安全问题。当企业放弃他们的基础设备并将其数据和信息存储于云端时，很难保证这些数据和信息会得到足够的保护。同时，公有云庞大的规模和涵盖用户的多样性也让其成为黑客们喜欢攻击的目标。

第二，不可预测成本。按使用付费的模式其实是把双刃剑：一方面它确实降低了公有云的使用成本；但另一方面它也会带来一些难以预料的花费。

2. 私有云

私有云，是指某个公司与社会组织单独构建的云计算系统，该组织拥有云计算系统的基础设施，并可以控制在此基础设施上部署应用程序的方式。私有云可部署在组织的防火墙内，也可以交由云服务提供商进行构建与托管。私有云是仅仅在一个企业或组织范围内部所使用的"云"。使用私有云可以有效地控制其安全性和服务质量。

（1）私有云的优势

第一，安全性。私有云提供了高水平的安全性。企业通过内部的私有云能够全面控制其中的各项设备和资源，从而能够根据自身需求和标准部署各种安全措施。这种自主性使得企业能够更好地保护敏感数据和信息资产，有效地防范来自网络攻击和数据泄露的威胁。

第二，法规遵从。私有云环境确保了企业的法规遵从。企业能够在私有云环境中确保其数据存储和处理方式符合任何相关的法律法规要求，企业可以全面掌控安全措施，甚至可以选择将数据存储在特定的地理区域，以满足跨境数据流转的法律要求，从而保障数据的合规性和安全性。

第三，定制化。私有云环境提供了定制化的服务。企业通过内部私有云能够精确地选择用于自身程序应用和数据存储的硬件设备。尽管实际上这些服务往往由云服务提供商提供，但企业仍然能够根据自身需求进行定制化配置，以满足特定业务和技术要求。这种灵活性可以提高企业的运行效率，并最大程度地满足其个性化的需求，推动企业业务的发展和创新。

（2）私有云的劣势

第一，总体成本高。由于企业需要购买和管理自己的设备，私有云的成本往往比公有云更高。此外，私有云的部署不仅涉及硬件设备的一次性投资，还伴随着持续的员工运营成本与资本费用。

第二，管理具有复杂性。企业在建立私有云时，需要自行进行配置、部署、监控和设备保护等一系列工作。同时，企业还需要购买和运行用来管理、监控和保护云环境的软件。而在公有云中，这些事务则由云服务提供商负责处理，减轻企业的管理负担。

第三，有限的灵活性、可扩展性和实用性。私有云的灵活性较低，若某个项目所需资源不在当前私有云范围内，获取和整合这些资源可能需要花费较长时间。私有云的扩展功能相对受限，满足更多需求时可能较为困难。实用性方面，则取决于基础设施管理和连续性计划以及灾难恢复计划的成果。

3. 混合云

混合云作为将私有云和公有云结合的一体化环境，满足了用户既需要公有云的功能，又关注安全与控制的需求。某些组织出于对信息安全的考虑，无法将其数据放置在公有云上，但又希望能够利用公有云的计算资源，因此混合云应运而生。在混合云中，应用程序可以运行在公有云上，而关键数据和敏感数据则可在私有云中运行，充分发挥公有云的高可扩展性和私有云的高安全性，实现灵活选择以满足不同应用需求和节约成本的目标。

混合云的独特之处在于，它集成了公有云和私有云的优势，让云平台中的服务通过整合变得更加灵活。混合云可以同时解决公有云和私有云各自的不足，如公有云的安全性和可控性问题、私有云的性价比不高和弹性扩展能力不足等。当用户认为公有云无法完全满足企业需求时，可以在公有云环境中构建私有云，从而实现混合云的部署。

在混合云中，用户可以根据应用的特性和需求，灵活选择公有云和私有云的组合方式，以最大程度地发挥各自的优势。例如，对于安全性要求较高的数据，可以选择在私有云中存储和处理；对于计算资源需求波动较大的应用，则可以利用公有云的高可扩展性来满足。这种混合部署模式不仅提供了更大的灵活性和选择空间，也提高了整体的性能和效率。

4. 社区云

社区云是一种云计算模式，其特点在于由多个组织或个体共同使用、管理和维护。社区云通常由特定行业、领域或利益相关方共同组成，旨在满足他们共同的需求和目标。

① 社区云强调共享资源，不同组织或个体可以共享同一云平台和基础设施，实现资源的共享和最大化利用。这种共享模式不仅可以降低成本，提高效率，还能够避免资源的浪费，特别是对于那些无法独立建立自己的云基础设施的小型组织或个体来说，社区云提供了一个成本效益高且可持续发展的选择。

② 社区云注重定制化和专业化。由于社区云通常由特定领域或行业的利益相关者组成，其服务和解决方案往往针对特定需求进行定制和优化。这种专业化和定制化能够更好地满足用户的需求，提供更高水平的服务质量和用户体验。

③ 社区云具有安全性和隐私保护的特点。由于社区云的成员通常具有相似的业务需求和安全标准，因此能够更容易实施统一的安全措施和隐私保护政策。这有助于降低安全风险，并增强用户对数据隐私和安全的信心。

④ 社区云注重合作和共同发展。社区云成员之间通常存在紧密的合作关系，希望共同推动云计算技术和服务的发展，共享最佳实践和经验，促进行业的创新和进步。

（二）依据服务类型划分

1. 基础设施类

基础设施类云计算系统通过网络向企业或个人提供各类虚拟化的计算资源，这些资源包括虚拟计算机、存储设备、虚拟网络与网络设备，以及其他应用虚拟化技术所提供的相关功能。虚拟化技术是指通过对真实的计算元件进行抽象与模拟，虚拟出多个各类型的计算资源。通过虚拟化技术，单台服务器可以被分割成多个虚拟计算资源，也可以通过多台服务器整合形成一个大型虚拟设备。例如，一台计算机可以虚拟出多个虚拟机，分别安装不同的操作系统，实现一台服务器当多台服务器使用；也可以将多个存储设备虚拟成一台大的存储服务器。这种技术使用户能够远程操纵所有虚拟的计算资源，几乎接近于操作真实的计算机硬件。

基础设施类云计算系统的代表性案例当属亚马逊（Amazon）虚拟私有云服务。亚马逊作为全球最大的在线图书零售商，在其发展过程中，为支撑业务的发展，全面部署了大量IT基础设施，包括存储、带宽和CPU资源。通过将部分闲置资源租赁给第三方用户，亚马逊成功推出了亚马逊网络服务（AWS）。这一云服务不仅帮助亚马逊有效利用了闲置资源，还设立了专门的网络服务部门，为各类企业提供云计算基础架构网络服务平台。用户（包括软件开发者和企业）可以通过AWS获得存储、带宽以及CPU资源，同时还能享受其他IT服务，如亚马逊私有云（VPC）等。

AWS的核心服务包括简单存储服务（S3）、弹性云计算（EC2）、简单排列服务以及正在测试阶段的SimpleDB。AWS提供的服务非常简单易用，主要应用包括提供虚拟机、在线存储和数据库、远程计算处理以及一些辅助工具。在这些服务中，Amazon EC2 系统采用 Xen 虚拟化技术，利用亚马逊掌握的服务器虚拟出三个不同等级的虚拟服务器，然后向用户出租这些虚拟服务器。用户租用后，可以通过网络控制虚拟服务器，装载系统镜像文件，并配置其中的应用软件和程序。

亚马逊为用户提供了非常简便的使用方式：只需通过基于 Web 页面的登录即可使用，并按使用量及时间付费。在这种模式下，用户可以以非常低廉的价格获得计算和存储资源，并且可以方便地扩充或缩减相关资源，从而有效地应对诸如流量突然暴涨等问题。通过网络，用户可以像控制自己本地的机器一样使用亚马逊提供的虚拟服务器。

AWS 服务体系的优势不仅在于其灵活性和易用性，更在于其强大的扩展能力和稳定的性能表现。用户可以根据实际需求，灵活地调整所需的资源配置，从而在确保性能的前提下，最大限度地提高资源利用效率。这种按需配置的资源管理模式，不仅帮助企业降低了 IT 基础设施的运营成本，还提升了其应对市场变化的敏捷性。AWS 提供的高可靠性和安全性保障，进一步增强了其在市场上的竞争力。通过采用多层次的安全措施，AWS 能够有效保护用户的数据和应用免受各种潜在威胁。与此同时，AWS 的全球数据中心布局，确保了服务的高可用性和低延迟，满足了不同地区用户的需求。

在基础设施类云计算系统中，虚拟化技术是实现高效资源管理和优化的重要手段。通过对硬件资源的抽象和分配，云计算管理平台能够实现资源的动态调度和负载均衡，确保系统在高负载情况下仍能保持稳定运行。这种技术优势，使得基础设施类云计算系统成为现代企业 IT 架构中不可或缺的一部分，推动了企业数字化转型和业务创新。

基础设施类云计算系统的广泛应用，不仅改变了传统 IT 资源的管理方式，还推动了 IT 服务模式的创新和变革。随着云计算技术的不断发展和完善，基础设施类云计算系统将继续在各行各业中发挥重要作用，助力企业提升运营效率和竞争力。

2. 平台类

平台类云计算系统旨在为用户提供全面的应用及服务开发、运行、升级、维护，以及数据存储等一系列服务。此类系统的核心功能是提供中间件服务，用户可以利用平台提供的各类中间件服务，实现自身应用的开发、配置和运行。平台类云计算系统提供了应用所需的中间件软件、虚拟服务器与网络资源，满足了应用负载平衡等维护需求。

典型的平台类云计算系统如 Google App Engine(GAE)，该系统面向用户提供了 Web 应用开发和运行支持等多种服务。GAE 支持多种开发语言，包括 Python 和 Java 等，亦兼容 Django、CherryPy、Pylons 等 Web 应用框架。开发者可以利用 Google 提供的基础设施构建 Web 应用，开发完成后部署到 Google 的基础设施上，由 GAE 托管并运行在 Google 数据中心的多个服务器上。GAE 负责应用的集群部署、监控和失效恢复，并根据应用的访问量和数据存储需求自动扩展。

GAE 通过其全面的服务，简化了开发者在应用开发和部署过程中面临的诸多复杂问题。开发者无须关心底层硬件和网络资源的配置与维护，能够专注于应用本身的开发和优化。这不仅提升了开发效率，也提高了应用的稳定性和可靠性。

GAE 的优势在于其强大的集群管理和自动扩展能力。在应用访问量骤增或数据存储需求变化时，GAE 能够自动调整资源分配，确保应用性能不受影响。同时，其托管服务包括了监控和失效恢复机制，极大地减轻了开发者在应用维护和管理上的负担。GAE 最初推出时提供免费服务，吸引了大量开发者的关注和使用。然而，2012 年 9 月，Google 宣布 GAE 结束预览期，正式转为收费服务，其收费标准主要基于开发者的使用时间和带宽流量。这一变化标志着 GAE 从一个试验性平台发展成为 Google 核心云计算服务内容的一部分，体现了其在云计算领域的重要地位。

3. 应用类

应用类云计算系统通过 Web 应用形式直接向用户提供所需的软件服务，用户可以通过浏览器远程登录到软件服务的界面，利用各类软件功能。尽管与现有的 B/S 系统在用户使用方式上相似，但在本质上存在一定区别。应用类型的云计算系统采用租赁式收费模式，用户根据实际使用的资源、时间等标准付费，而云计算系统的产权归云服务提供商所有，相较之下，B/S 系统通常以整体打包形式出售给用户，产权归用户所有。

典型的应用类云计算系统提供商如 Salesforce 公司，其运营模式主要是通过网络服务实现 ERP 软件的功能。用户只需支付少量的软件月租费，可节约大量购买成本。用户购买了 Salesforce 的使用权后，可获得其提供的 AppExchange 目录，其中包含上百个预先建立、预先集成的应用程序，覆盖了从财务管理到采购招聘等各个方面。用户可以根据自身需求将这些程序定制安装到自己的 Salesforce 账户上，或根据公司特定需求对这些应用程序进行修改。用户只需支付少量的软件月租费即可享受这些服务。

第二节　云计算服务的基本架构

云计算是一种商业计算模型，它将计算任务分布在大量计算机构成的资源池上，使用户能够按需获取计算力、存储空间和信息服务。美国国家标准和技术研究院提出了云计算的三个基本框架（服务模式）：基础设施即服务、平台即服务、软件即服务。

一、基础设施即服务

基础设施即服务（IaaS）是云计算架构的重要组成部分，在架构当中处于最底层。IaaS 的功能是提供存储服务、虚拟服务器以及其他与计算有关的资源。IaaS 通过提供功能，可以协助用户处理计算资源定制过程当中遇到的问题。用户可以利用购买的方式获得部署权限、操作系统权限、访问应用程序权限。获取权限之后，用户不需要付出额外的精力对基础设施进行维护或者管理。用户也可以在权限允许范围内对网络组件做出更改，让组件更好地满足自身的使用需求。IaaS 通常按照所消耗资源的成本进行收费。

（一）基础设施即服务的基本功能

当云服务提供商不同时，云服务所使用的基础设施也会有所不同。但是，所有的云服务提供商所提供的底层基础资源服务一般情况下会显现出普遍特征。具体来讲，基础设施层具备的功能如下。

1. 资源抽象

在基础设施层的建设过程中，首要问题是解决硬件资源的管理与利用。这包括存储设备、服务器等硬件资源的有效配置和管理。要实现更高级别的资源管理，就需要对硬件资源进行抽象化处理，以建立相应的资源管理逻辑。在这个过程中，虚拟化技术发挥了关键作用，它通过忽略硬件产品的差异，为所有硬件资源提供一致的数据接口和管理逻辑。

虚拟化的实现要求对所有硬件资源进行统一管理，确保不同类型的资源在虚拟化过程中表现出一致性。若基础设施层使用的逻辑存在差异，即使资源类型相同，也会导致在虚拟化过程中出现较大的差异。因此，确立一致的管理逻辑对于基础设施层的建设至关重要。

针对实际业务逻辑和工作需求，对基础设施层服务接口的分析表明，资源抽象化处理涉及多个层次。目前的资源模型涵盖了虚拟机、云和集群等多个层次。构建基础设施层需要以资源抽象化为基础，而资源抽象化的关键问题在于如何从全局角度对各种品牌、型号的资源进行统一抽象化处理，并向用户呈现出统一的资源管理界面。

2. 资源监控

资源监控功能对于基础设施层的工作效率至关重要。实现有效的资源管理需要采用多种资源监控方法。通常情况下，基础设施层会监控中央处理器的使用率、存储器的读写操作，以及网络的输入/输出情况和路由状态等。这些监控手段能够为基础设施层提供及时、准确的资源使用情况，有助于及时发现并解决潜在问题，提高工作效率。

实现资源监控的关键在于构建资源监控模型。借助资源抽象模型，可以建立清晰准确的资源监控模型，明确资源监控的内容和属性。资源监控具有多个抽象层次和多种粒度。典型的资源监控解决方案通常是从全局角度出发，涉及多个虚拟资源的监控。通过对不同组成部分进行监控，可以获取整体监控结果，为用户提供准确的资源利用情况，并为其制定合适的调整方案提供依据。

3. 资源部署

资源部署在云计算环境中扮演着至关重要的角色，它是指按照自动化部署流程进行资源转移，以使得资源能够被上层应用有效利用的过程。在云计算环境中，资源部署通常需要进行多次，以满足上层应用对资源的不断变化需求。

动态部署在多种应用场景中发挥着关键作用，其中最典型的场景之一是基础设施层动态可伸缩性的实现。通过动态部署，用户可以根据实际需求快速调整部署，以应对服务负载的变化。当用户面临高负载工作时，通过扩张服务实例数量，用户可以自主获取所需资源，而此操作完成速度通常较快，并且在规模扩大时，并不会增加操作的复杂程度。另一个经典场景是故障修复和硬件维护。由于云计算系统涉及大规模的服务器，硬件故障是常见现象。在故障修复或硬件维护过程中，需要暂时移除有故障的硬件，此时需要复制原服务器的数据和服务环境，以便快速修复云计算系统遇到的故障，以确保系统能持续提供有效服务。

资源部署的方法取决于基础设施层所采用的技术。若基础设施层采用了服务器虚拟化技术，资源部署将更为容易；若基础设施层没有采用此类技术，而是依赖传统的物理环境，资源部署操作将更加困难。

4. 计费管理

在云计算环境中，计费管理是确保资源使用和消耗与实际费用相匹配的重要一环。云计算通过监控上层的使用情况，对存储资源和网络资源的消耗进行计算，并据此确定具体的收费标准。特别是在大量数据传输的情况下，云计算可以通过转换数据提供方式，如将数据存储在移动设备中，并通过快递运输设备的方式进行传输，从而节约数据传输费用，提高效率。

5. 存储管理

存储管理是云计算环境中的另一个关键方面，涉及多种类型的数据需要被系统处理。这些数据形式多样，包括非结构化的二进制数据、结构化的 XML 数据以及数据库数据等。在不同的基础设施层下，数据管理也会面临不同的挑战。基础设施层通常包括大规模的服务器集群，这些服务器可能来自不同的数据中心，因此数据管理需要具备完整性和可靠性特征，并且必须可管理。

6. 负载管理

基础设施层涉及大量资源集群，因此节点面临着非均匀分布的负载。合理的资源利用率是确保基础设施层运行正常的关键。如果节点能够保持合理的资源利用率，即使出现负载不均匀的情况，也不会引起严重问题。然而，如果节点无法保持合理的利用率或者存在较大的负载差异，就会导致严重的问题。当大多数节点处于负载较低状态时，资源会被大量浪费，此时，基础设施层需要启动自动负载平衡机制。该机制的作用是提高资源利用率，关闭未被利用的资源。相反，如果资源利用率存在较大差异，一些节点可能会面临过高的负载，直接影响上层服务性能；与此同时，另一些节点可能面临过低的负载，导致资源未能充分发挥作用。在这种情况下，需要利用自动负载平衡机制来转移节点负载。

通过负载转移，所有节点将面临更合理的负载，确保所有资源得到充分利用。这样的自动负载平衡机制对于维护基础设施层的稳定性和性能至关重要。通过动态调整节点的负载分布，可以提高资源利用率，减少资源浪费，同时确保上层服务的稳定性和性能。因此，自动负载平衡机制在基础设施层的管理中具有重要意义，为整个系统的高效运行提供保障。

7. 安全管理

安全管理是保证基础设施资源合法利用的重要措施。类似个人电脑设置防火墙以保护数据和程序稳定性，数据中心也会采取类似的安全措施，如设置防火墙和隔离区，以阻止恶意程序的访问和入侵。在云计算环境中，由于数据量庞大，因此必须采取更高级别的保护机制，并跟踪所有数据操作，以确保数据安全性。

然而，云计算环境的开放性也带来了一些挑战，如恶意代码的滋生。与传统程序相比，云计算环境中程序的运行和资源使用更为特殊，因此管理人员需要寻找解决方案，确保对云计算环境中的代码行为进行有效控制，并及时识别和阻止恶意代码的传播。同时，管理人员还需思考如何进一步提升云计算环境中的数据安全性，以防止员工泄露数据等安全威胁的发生。

（二）基础设施即服务的主要优势

相对于传统的企业数据中心，IaaS 在某些方面显现出了优势。具体来讲，优势主要体现在以下五个方面。

第一，成本方面的优势显著。使用 IaaS 无须用户单独购买硬件设备，从而避免了大量的资金投入。用户只需根据实际使用情况付费，避免了资金的闲置浪费。IaaS 还提供突发性服务，用户无须提前购买服务，节省了成本。

第二，用户无须承担系统维护工作。维护工作由云服务提供商负责，用户可以将精力集中在核心业务上，而无须担心系统的日常维护和管理。

第三，IaaS 应用具有灵活的迁移性。一旦制定了云计算技术标准，IaaS 应用可以轻松跨越平台进行迁移，不再局限于特定企业数据中心。这意味着应用可以在不同的服务平台上灵活运用，提高了资源的利用效率。

第四，IaaS 具有较强的伸缩性。在提供计算资源时，IaaS 能够在几分钟内实现资源的更新，远远快于传统数据中心，这使得企业可以更加灵活地应对业务需求的变化。

第五，IaaS 支持的应用范围较广。通过采用虚拟机的方式提供资源，使得 IaaS

可以适用于多种操作系统，从而扩大了其应用范围，满足了不同用户的需求。

（三）基础设施即服务的代表产品

最具代表性的 IaaS 产品有 Amazon EC2、IBM Blue Cloud 和阿里云等。

第一，Amazon EC2。Amazon EC2（Elastic Compute Cloud）作为一项主要提供各种规格计算资源的服务，即虚拟机，可以满足企业级需求。得益于 Amazon 的持续优化和创新，其在性能和稳定性方面达到了企业级水准。此外，EC2 还提供了完善的 API（应用程序接口）和 Web 管理界面，使用户能够方便地使用和管理这些资源。

第二，IBM Blue Cloud。IBM Blue Cloud 即蓝云计划，作为首个业界企业级解决方案，能够整合企业现有基础架构，并利用虚拟化和自动化管理技术创建云计算数据中心。通过该计划，企业能够统一管理、分配、部署、备份和监控硬件和软件资源，从而提高管理效率和资源利用率。

第三，阿里云。阿里云作为国内市场最大的 IaaS 提供商，提供多样化的云计算基础服务，包括弹性计算、数据库、存储与 CDN 服务、分析、云通信、网络结构、管理与监控、应用服务、互联网中间件、移动服务和视频服务等。阿里云拥有自主核心技术，并提供业界最为完善的云产品体系，积累了大量成功案例。企业可以根据自身业务需求选择购买相应功能，形成符合发展战略的产品组合。目前，阿里云已在全球主要互联网市场建立起了覆盖广泛的云计算基础设施。

二、平台即服务

平台即服务（PaaS）位于云计算三层服务架构的最中间，它的作用是为用户搭建能够连接互联网的应用开发平台或者构建应用开发环境，为应用的创建提供需要的软件资源、硬件资源或者工具资源。在此种层面当中，服务提供商会直接提供具备逻辑或者具备 IT 能力的资源，如文件系统、数据库。用户可以借助平台部署应用的开发程序。但是，所有的运作都需要遵循平台设置的规定，通常按照用户登录情况计费。

（一）平台即服务的基本功能

分析云计算管理平台和传统应用平台可以发现，它们提供的服务存在某些重合之处。相比之下，云计算管理平台是以传统应用平台为基础进行理论方面的创新、实践方面的积累升级。通过创新和升级，应用的开发、应用的运行以及应用的运营都做出一定程度的变革，平台可以提供变革所需的基本功能、基本服务。

1. 开发环境

对于平台层中的应用开发而言，其主要任务是确立应用模型、编程接口以及提供相应的代码库和测试环境。这意味着平台层必须为开发人员提供适用的开发工具和测试环境，以便他们有效地开发和测试应用。在确定应用模型时，需要考虑与开发应用相关的元数据模型、编程语言以及应用打包发布格式。通常情况下，平台会基于现有的传统应用平台进行扩建，因此在语言选择上应该优先考虑开发人员熟悉的编程语言或类似的语言。此外，平台还需利用元数据进行应用部署和运行过程中的服务提供。在确定应用打包发布格式时，需要明确文件组织方式，并确保文件形式统一。

为了有效避免工作重复并缩短开发时间，平台层必须提供清晰明确的代码库和 API。这些服务包括界面绘制服务、消息机制服务等，可以帮助开发人员更高效地完成应用开发工作。

平台层应该为用户应用的构建以及应用的测试提供环境。具体来讲，可以使用的方式如下。

第一，借助网络为用户提供在线开发和测试环境。通过在服务器端进行相关操作，开发人员可以直接利用平台提供的在线开发工具和测试环境。这种方式的优点在于开发人员无须额外安装开发软件，直接在网络上进行开发和测试，节省了时间和资源。需要注意的是，开发人员应处于网络稳定且带宽足够的环境下，以确保良好的体验和操作效果。

第二，平台可以为用户提供离线集成开发环境。在这种环境下，开发人员可以在本地进行应用开发和测试工作。许多开发人员更喜欢这种模式，因为他们可以在熟悉的本地环境中进行工作，提高了工作效率和舒适度。在完成开发和测试后，开发人员需要将应用上传到平台，以便在平台层上运行。

2. 运行环境

应用测试完成后，开发人员需要将应用正式部署上线。应用上线的步骤包括在云平台上传设计好的应用，并在平台上配置应用，使其与平台建立关联。在云平台中，每个用户都处于独立状态，因此在进行应用配置时，需要对应用进行验证，以避免可能出现的应用冲突。配置完成后，需要激活应用，使其能够正常运行。平台层提供基本的应用部署和激活功能，并配备其他高级功能，以便更有效地利用基础设施资源，提供性能更高、安全性更好的应用。与传统运行环境相比，平台层具有三个独特特征。

① 隔离性。隔离性在云计算管理平台中具有重要意义，主要体现在两个方面：一是应用间隔离，即不同应用之间相互独立，互不干扰，确保各应用能够独立进行业务和数据处理。为实现应用间的隔离，云计算管理平台需要建立相应的管理机制，以控制不同应用之间的访问权限。二是用户间隔离，即同一解决方案中的用户处于隔离状态，各自的配置操作不会对其他用户产生影响，保证了用户之间的独立性和安全性。

② 可伸缩性。可伸缩性在云计算管理平台中具有重要意义，其核心在于根据具体的工作负载和业务规模的变化，灵活地分配应用所需的资源，包括存储空间和带宽。如果面临较大的工作负载或者业务规模扩大，平台会相应提高应用的

处理能力，以确保应用能够顺利运行并满足用户需求。相反，若工作负载较小或者业务规模缩减，平台则会降低应用的处理能力，以避免资源浪费。可伸缩性的重要作用体现在保护应用性能和充分利用资源两个方面。首先，可伸缩性可以通过动态调整资源分配，确保应用在任何情况下都能够保持良好的性能表现，避免因工作负载过大而导致性能下降，或者因资源浪费而带来成本增加的问题。其次，可伸缩性还可以实现资源的最大化利用，即在任何时候都能够充分利用可用资源，提高资源利用效率，降低成本开销。

③ 资源具备可复用性。云计算管理平台的可复用性体现在其同时支持多个应用并使其在平台上共存的能力上。当用户发现自身业务量增大，需要额外资源支持时，他们可以向云计算管理平台提出资源需求。平台在接收到用户的请求后，会根据需求进行资源分配，以满足用户的要求。然而，云计算管理平台提供的资源也是有限的，因此需要平台有效地管理资源，确保资源的充分利用，以保证应用的稳定可靠运行。为了实现资源的充分利用和应用的稳定运行，云计算管理平台需要具备多个方面的能力：首先，平台应当拥有充足的资源数量，以满足用户不断增长的需求。其次，平台应当能够高效利用各种资源，包括计算、存储和网络等，确保资源的有效利用率。最后，平台应当具备实时动态调整资源的能力，根据不同应用的工作负载变化，对资源进行灵活调整，以保证各个应用能够获得所需的资源支持。

3. 运维环境

在用户提出新的需求、业务出现新的形式之后，开发人员也需要进行系统更新。在云计算环境下，开发人员进行升级更新时的操作更为简单。平台层可以提供自动化的流程向导，以简化升级过程。为此，平台在提供自动化升级功能时，必须对其应用自动化升级流程进行完善和创新升级，并制定相应的升级补丁模型。应用开发人员一旦发现应用需要更新，便可按照升级补丁模型的制作要求进行补丁制作，并将其上传至平台，提出升级请求。平台需根据开发人员的请求对补丁进行解析，以完成应用的自动化升级。

平台亦需监控应用的运行过程。一方面，应用开发人员需关注应用的运行状态，以便了解是否出现运行错误或异常情况；另一方面，平台也需监控应用的运行情况，全面了解系统资源的消耗情况。在设置不同的监控任务时，采用的监控技术亦各有不同。例如，监控运行状态可通过监测应用响应时间、工作负载信息等进行。

监控资源消耗情况时，可通过基础设施层服务信息来判断具体的消耗状况。这是因为平台层从基础设施层获取资源，基础设施层对各种资源的运用情况有记录，平台层可通过其资源运用情况监控资源的消耗情况。

用户需求和市场的不断发展变化，会创造新的应用、淘汰旧的应用。因此，平台应为用户提供应用卸载功能。平台除将应用程序卸载外，还需处理应用使用过程中获取到的数据。平台可根据用户提出的数据处理需求采用差异化的处理策略，如直接删除数据或备份数据后再删除和卸载应用。另外，平台应与用户达成应用卸载方面的共识，并签署协议，使用户了解应用卸载后可能产生的影响，以避免数据损失和纠纷出现。

平台层运维环境还应涉及统计计费功能，包括按照应用对资源的耗费情况计费以及按照应用的访问情况计费。通常，平台在为用户提供服务之前会要求用户注册账号，通过登录账号，平台可获取用户对应用的使用信息，并基于此信息进行详细计费。

（二）平台即服务的主要优势

和传统的本地开发以及部署环境比较，可以发现 PaaS 平台体现出了以下六个方面的优势。

第一，开发环境友好。PaaS 平台提供了丰富的应用开发工具，使得开发者能够在本地进行应用开发，并通过远程方式进行部署、设计和操作，从而提供了友好的开发环境，有助于提高开发效率和便利性。

第二，丰富的服务。PaaS 平台以 API 的形式向应用提供各种服务，包括系统软件（如数据库系统）、通用中间件（如认证系统、高可靠消息队列系统）以及行业中间件（如 OA 流程、财务管理等），为应用开发者提供了丰富的功能选择和支持。

第三，管理和监控更加精细。PaaS 平台能够更好地管理和监控应用层，提供更准确的数值信息统计，有助于了解应用的运行状态，并实现更精确的计费和资源调配。

第四，强大的伸缩性。PaaS 平台具有强大的伸缩性，能够自动调整资源以应对应用负载的变化，从而实现资源的高效利用。

第五，多租户机制。PaaS 平台采用多租户机制，使得一个应用实例可以同时被多个组织使用，各组织之间保持一定的安全隔离，从而提高了应用实例的经济收益和平台的灵活性。

第六，经济性和整合率。PaaS 平台具有较高的整合率和经济性，使得企业能够更有效地利用资源，降低成本并提升效率。

（三）平台即服务的常见产品

PaaS 非常适合于小企业软件工作室，小企业软件工作室借助于 PaaS 平台可以创造更有影响力的产品，而不用承担内部生产方面的经济开销。目前，PaaS 的主要提供商包括 Force.com、Heroku、新浪 SAE 等。

第一，Force.com。Force.com 是首个被建立出来的 PaaS 平台，它的作用是为企业或者其他的提供商提供环境支持、基础设施支持，让企业或者提供商可以创造出可靠性更高并且具有伸缩性的在线应用。Force.com 使用的是多用户的架构模式。

第二，Heroku。作为最开始的云平台之一，Heroku 初始是一个用于部署

Ruby on Rails 应用的 PaaS 平台，但后来增加了对 Java、Node.js、Scala、Clojure、Python 以及（未记录在正式文件上）PHP 和 Perl 的支持。

第三，新浪 SAE。作为国内最早最大的 PaaS 平台，新浪 SAE 使用的是 Web 开发语言，开发者可以使用在线代码编辑器对应用进行开发调试或者部署。开发者可以通过团队合作的方式进行开发，不同的开发者拥有的权限不同。新浪 SAE 还提供存储服务、分布式计算服务，可大大降低开发者的开发成本。

三、软件即服务

软件即服务（SaaS）是最常见的云计算服务，位于云计算三层架构的顶端。软件即服务是将软件服务通过网络（主要是互联网）提供给用户，用户只需通过浏览器或其他符合要求的设备接入使用即可。SaaS 所提供的软件服务都是由服务提供商或运营商负责维护和管理，用户根据自身需求进行租用，从而消除了用户购买、构建和维护基础设施和应用程序的过程。

（一）软件即服务的基本特性

SaaS 的特性需要依赖于软件支持和互联网支持。从技术角度或生物角度来看，SaaS 与传统软件有着明显的区别，具体表现在以下六个方面。

第一，SaaS 的互联网特征。SaaS 依托于互联网为用户提供服务，因此具有显著的互联网技术属性。它通过缩短用户与提供商之间的距离，在营销和支付流程中展现出其独特性，与传统软件相比，存在明显的不同。

第二，SaaS 的多租户架构。SaaS 通常采用统一的标准软件系统，为众多租户提供服务。这要求 SaaS 确保不同租户之间的数据隔离，并提供安全保障，同时满足用户个性化需求。因此，SaaS 平台必须具备优秀的性能和稳定性。

第三，SaaS 的服务特性。SaaS 基于互联网或软件，需要特别关注合同的签订、费用的收取以及服务质量的保证等关键问题。

第四，SaaS 的可扩展性。SaaS 的可扩展性意味着系统能够处理高并发的用户请求，有效利用资源，以适应不断增长的用户需求。

第五，SaaS 的可配置性。SaaS 通过不同的配置设置，满足用户的个性化需求，而无须进行专门的定制开发。尽管所有用户使用的是相同的基础代码，但通过不同的配置，可以实现个性化的服务体验。

第六，SaaS 的灵活性。与传统应用程序相比，SaaS 模式下的应用程序更为灵活，不受传统限制，能够快速适应需求的变化。这种动态使用的特性使得 SaaS 能够更好地应对市场竞争和风险挑战。

（二）软件即服务的主要架构

SaaS 的本质在于其采用的特定架构，这种架构可分为多用户、多实例和多租户三种模式。其中，多租户模式在商业 SaaS 中占据主导地位，具有较强的软件配置能力和广泛的适用性。

多用户模式是指不同用户在同一个实例上具有不同的访问权限，但共享相同的实例。而多实例模式则是为每个用户单独创建独立的软件应用和支撑环境，每个用户拥有独立的数据库和操作系统，或者使用虚拟网络环境进行隔离。相比之下，多租户模式是一种多重租赁技术，旨在共享相同的系统或程序组件，同时确保用户数据的隔离性。

在 SaaS 中，多租户模式是至关重要的核心技术之一。传统的单租户模式假定所有用户来自同一组织，而在 SaaS 和云计算环境下，许多组织共享同一个应用程序。多租户模式的出现填补了这一空缺，使得同一应用程序能够同时为多个组织的用户提供服务，同时确保了各组织数据的隔离性。

多租户模式对于提高 SaaS 效率至关重要。它将多种业务整合到一起，降低了运营维护成本，实现了 SaaS 应用的规模经济，使得整个运维成本大幅降低，同时最大化了收益。多租户模式还实现了资源共享，充分利用了硬件、数据库等资源，使得服务提供商能够在同一时间内支持多个用户，从而进一步降低成本。

在多租户的架构下，应用通常运行在相同或者一组服务器上，这种结构被称为"单实例"架构。多租户的数据保存在相同位置，通过对数据库进行分区来实现隔离。由于用户运行相同的应用实例，因此无法进行定制化操作。因此，多租户模式更适合通用类需求的用户，即不需要对主要功能进行调整或重新配置的用户。

（三）软件即服务的代表产品

SaaS 是一种全新的软件应用模式，它通过互联网提供软件服务，因成本低、部署迅速、定价灵活及满足移动办公而颇受企业欢迎。SaaS 产品种类众多，既有面向普通用户的，也有直接面向企业团体的，用以帮助处理工资单流程、人力资源管理、协作、用户关系管理和业务合作伙伴关系管理等。

第一，用友畅捷通。用友畅捷通是 SaaS 模式在小微企业领域成功应用的一个范例。该企业隶属于用友集团，致力于为小微企业提供财务专业化服务及信息化服务，构建了一个完整的财务及管理服务平台，旨在建立"小微企业服务生态体系"。其服务范围涵盖代理记账报税、审计、社保、工商代理等专业化服务，并提供财税知识、培训与交流等咨询服务。该平台还为小微企业提供了易代账、好会计、工作圈、用户管家等财务及管理云应用服务，以及会计核算及进销存等管理软件，从而在一定程度上改变了中国整个财务服务产业，并提供了全新的基于互联网的业务模式。

第二，金蝶云之家。金蝶云之家作为金蝶软件的重要产品之一，是中国领先的移动工作平台。金蝶软件一直在拥抱 SaaS 和致力于互联网软件的转型升级，通过金蝶云之家为超过 100 万家企业和政府组织提供云管理产品及服务。金蝶云之家聚焦在"移动优先、工作全连接、平台的生态圈"三大板块，以组织、消息、社交为核心，提供移动办公 SaaS 应用，通过开放平台可连接企业现有业务（ERP），接入众多第三方企业级服务，以满足企业多样化的需求。

第三，八百客。八百客作为中国企业在云计算、SaaS 市场和技术领域的领先者，是大型企业级用户关系管理提供商。八百客不断满足中国企业的本土化、规范化、多元化等多种需求，其产品包括具有 CRM、OA、HR 社交论坛等功能的企业套件，成为成熟的在线 CRM 提供商。

第四，XTools。XTools 作为国内知名的用户关系管理提供商，致力于为中小企业提供在线 CRM 产品和服务，帮助企业低成本、高效率地进行用户管理与销售管理。XTools 的产品线十分全面，为企业用户提供多元化的移动办公服务，并形成"应用＋云服务"的整体 CRM 解决方案，帮助企业更好地实现科学管理对销售的重要作用。

第三节　云计算的效益、价值与模式

一、云计算的效益分析

对于云计算，其效益分析主要包括四个方面：硬件、软件、自动化部署与系统管理。

（一）硬件效益

云计算能节省多少成本，根据用户的不同而有所差别。但是云计算能节省用户硬件成本已经是不争的事实。云计算可以使用户的硬件利用率达到最大化，给用户带来巨大效益。

第一，效率效益。就效率而言，传统的硬件存储空间扩大和处理能力提升所需的高端服务器成本高昂，且无法有效解决内存受限问题，给用户硬件使用体验带来挑战。云计算通过使用低成本的标准化硬件，并利用软件的横向扩展，构建了性能稳定、功能强大的计算平台，从而提高了服务器利用率，降低了硬件费用。在云计算环境下，通过合理运用云计算服务，既可以减少服务器数量，又能提高每台服务器的利用率，实现硬件升级成本的降低，从而有效提升了硬件资源的利用效率。

第二，节能效益。从节能效益角度看，企业转向云计算后不再需要维护大量服务器，从而减少了服务器数量，进而减少了电力消耗、智能管理成本及机房维护费用。这种节能效益不仅减少了企业的运营成本，还有利于减少对能源的消耗，为环境保护贡献了一份力量。

第三，市场效益。在市场效益方面，实施企业私有云的第一步是服务器整合，通过服务器整合提高 IT 效率，减少基础设施的支出，使得企业可以将更多精力和资本用于发展自身业务、开拓市场，提升了企业 IT 快速响应市场变化的能力。云计算的发展不仅提高了企业的竞争力，还促进了整个市场的良性竞争和发展。

（二）软件效益

软件即服务是云计算中的一个重要模式。与传统模式需要耗费大量资本不同，软件即服务这一模式虽然也需要为研发人员和硬件设备投资，但是，这笔费用支出总额明显不高，甚至只需要支付小额租赁服务费，就能通过互联网享受硬件维护服务和软件升级体验，这也是目前效益最佳的软件应用运营模式。

第一，经济效益。SaaS 模式的广泛应用为用户和软件提供商带来了经济和市场双重效益。SaaS 模式消除了传统软件模式中用户需要单独支付软件授权费用的情况，转而鼓励用户通过使用服务器上已经安装好的应用软件来减轻软件维护、网络安全设备和服务器硬件频繁更换所带来的资金压力。用户只需为使用的流量付费，即可通过互联网下载软件并享受相关服务。在 SaaS 模式下，软件提供商收取的费用更加透明，不同级别的软件对应着不同的价格和服务，用户可根据自身支付能力自主选择所需的应用软件。相较于传统模式的一次性高昂费用，使用云计算的用户可以有效节省开支。

第二，市场效益。SaaS 模式不仅为用户带来了经济效益，也为软件提供商提供了市场发展的机遇。用户在享受 SaaS 模式带来的收益的同时，无形中扩大了软件提供商的潜在市场范围。那些无法承担传统模式软件许可费用或缺乏软件配置能力的用户成了 SaaS 模式的潜在用户。同时，SaaS 模式有助于软件提供商降低开发、维护和营销成本，增强竞争优势的差异性，并利用市场的迅速更新变革收入模式，优化用户关系。软件即服务模式为软件提供商与用户之间的合作关系带来了实质性的改善与优化。

（三）自动化部署效益

云计算的一个功能就是通过自动化部署解决 IT 资源的维护和使用问题，帮助 IT 资源获得最大的使用率，最终降低 IT 资源的成本开销。

云计算服务平台提供的自动化部署功能，借助软件的自动安装效果，激活了计算资源的原始状态，使得系统的可用状态逐步发展成为软件自动化安装后的常规状态。传统模式下应用软件的手工部署，既费时又费力，此过程通常包括软件安装、系统调配、硬件资源配置等步骤。对于高端的定制化应用软件业务，应用软件的部署过程更加复杂。传统模式下应用软件安装与资源配置过程的特殊性，为自动化部署功能的应用与推广创造了条件。通过云计算服务平台管理软件自动化部署任务，既能实现软件应用的动态实时更新，也能推动业务部署发展模式的日趋完善，在整体上真正实现云计算服务平台的便捷性和灵活性。

划分虚拟池中的资源、完成软件安装和系统配置，是云计算服务自动化部署功能的主要应用过程。除了网络与存储设备以外，该过程的顺利实施还需要相应的软件与服务器配置。总体来说，自动化部署系统资源，主要借助脚本调用实现应用软件的云端配置，并确保调用过程根据默认方式自动实现，避免人机交互的资源耗损，节省部署操作所需的人力与时间成本，从而实现部署质量的优化与提升。

（四）系统管理效益

云计算的一个重要核心理念是通过系统配置机制来实现不同的功能，以满足不同的需求。通常情况下，改变软件系统的运行和功能可以通过编程或配置来实现，有时也需要两者同时进行。编程需要专业的技术知识，包括底层的软件程序语言和算法逻辑，而配置则不需要特定的技术专长。配置的变化会直接影响系统的运行和用户体验，通常由系统管理员来实施，他只需访问配置维护界面，而不必涉及底层软件程序的改变。这种重要理念使得云计算的系统管理难度大大降低。

云计算服务的应用能够改变企业的组织结构，减少管理层级，扩大管理范围，将传统的金字塔状组织形式压缩成扁平化的结构，有效地解决了传统组织机构运转效率低下的问题。云计算提供资源整合和个性化服务，无论资源是公有还是私有，都会在应用过程中促进企业组织结构的调整。小型企业利用云计算服务可以节省人力成本，通过软件提供商保证系统资源的正常运转。

二、云计算的商业价值

云计算在短短的几年时间里逐渐被人们所接受，并得到了迅猛的发展。"金融云""农业云""物联网云"等不断涌现，企业也纷纷搭建起了云计算管理平台，使得云计算成为实实在在的系统，让用户体验到具体的价值。

云计算因为自身的经济模式属性，彻底改变了传统的商业模式和业务模式，同时也带来了不同于以往的商业价值。

（一）云计算的长尾效应

所谓长尾效应，是指只要产品的存储和流通渠道足够大，冷门产品也能取得与热门产品类似的盈利效果。产品畅销可以快速占据较大的市场份额，冷门产品通过拓宽市场销售渠道，增加产品接触有效用户的频次，也可以占据与热门产品相同甚至更大的市场份额。

与传统服务相比，云计算服务的竞争优势更加明显。从经济学的成本与效益角度出发，对云计算服务进行分析可以发现，使用云计算管理平台开发、推广新产品，可以达到边际成本趋近于零。由于资源不受产品种类和服务形态限制，运营商可以在投资能力允许的范围内，利用资源的自动化配置，生产种类丰富的产品，满足不同业务的差异化需求，发挥长尾效应并从中获得持续性收益。

（二）云计算的规模经济效应

云计算是一种由规模经济效应驱动的大规模分布式计算模式，可以通过网络向用户提供其所需的计算能力、存储及带宽服务等可动态扩展的资源。

第一，服务器的规模。特大型数据中心的服务器数量是中型数据中心的 50 倍，但网络、管理和存储成本仅占中型数据中心成本总和的 20％。对于拥有上万台甚至上百万台服务器的云计算服务，各项成本支出可以降至中型数据中心成本总和的 15％。这表明，随着规模的扩大，单位服务的成本显著降低，体现了规模经济的优势。

第二，网络效应。云计算服务的价值与使用人数成正比，类似于电话网络的价值与使用人数的关系。随着使用互联网云计算服务的人数增加，服务的价值也随之增加。例如，Google 拥有数以亿计的服务器，用户使用 Google 搜索产生的网络效应，成为 Google 固定资产的重要组成部分。Google 能够根据用户反馈实时优化搜索结果，这不仅提高了搜索的准确率，而且每位用户的参与都有助于提升搜索结果的质量。

经济学中的边际成本递减理论可以用来解释网络效应和全球访问带来的使用效益递增现象。与软件生产类似，网络产品的复制不会减少其内容，但可以降低成本。随着产品复制次数的增加，产品的边际成本逐渐降低。当边际成本趋近于零时，可以实现经济学中资本运作的最高效率。

（三）云计算的环保优势

云计算还会带来环保方面的优势。虽然云计算的确需要消耗大量的资源，但是和先前的计算模式相比，在能源的使用效率方面，云计算相对高得多。所以，从长期而言，采用云计算对环境还是非常有益处的。云计算带来的环保优势主要体现在以下方面。

第一，云计算能够实现不同应用程序之间的资源虚拟化和共享，这显著提高了服务器的利用率。通过虚拟化技术，服务器资源可以在云端共享，减少应用程序和操作系统所需的物理服务器数量。这种模式不仅促进了绿色、清洁、节能和环保的实践，还实现了空间资源的有效利用。

第二，计算资源集中化有助于提高效率。传统企业数据中心的工作负载运转效率往往较低。云计算通过集中化计算资源，实现了工作负载的云端整合，从而加快了数据在云计算数据中心的处理速度。合理选择云计算数据中心的建设地点，如在电厂附近或寒冷地区，可以降低成本和节约资源，如减少网络电力耗损和节省制冷费用。

第三，云计算能够降低能源损耗。云计算在智能电网中的应用，通过电力系统与信息技术的整合，提升了电力调度与电网运行的效率。这有助于减少电流在传统电网中传输时的损耗，从而有效降低能源损耗。

第四，联网设备能耗降低。与传统台式电脑相比，笔记本电脑、平板电脑和手机等移动终端设备在能耗方面显著降低，通常不足台式电脑的10％。这意味着能源利用效率的提升和能源消费水平的降低。

第五，云端会议减轻交通污染。云端会议和在线通信技术的发展为居家办公创造了条件，减少了个体出行次数。这降低了交通工具对化石燃料的消耗，从而减轻了由交通出行造成的环境污染。

（四）云计算的个性化服务

网络服务的规模与水平的差异导致用户的云计算需求也呈现多样化。考虑到信息技术部署应用与建设水平的多元化发展趋势，云计算服务为用户提供了不同类型的应用组合，实现了用户需求的个性化配置。以提供微世界云主机服务的云海创想信息技术公司为例，他们为有空间存储和服务器使用需求的用户提供了一系列基础配置云主机。这些云主机分为入门级、专业级、部门级和企业级四个级别，用户可以根据自身需求选择合适的级别。用户登录微世界网站后，可自主选择相应的云主机级别，下载并完成软件安装，从而在计算机硬件上激活并使用各种服务。对于有特殊安装需求的用户，微世界还提供了应用级别的云主机配置服务。在这些云主机中预装了各类应用软件，用户无须再次购买、安装这些软件，即可享受服务。这种个性化的配置模式使得用户能够根据自身需求选择合适的服务级别，充分满足了不同用户的需求。

云计算带来的长尾效应、规模经济效应、环保优势和个性化服务，不仅改变了信息技术基础设施建设的整体情况，而且重塑了现代经济学观念，促进了企业营商模式的创新，引领了服务经济时代的发展，在创造商业价值的同时，实现了技术变革蕴含的社会价值。

三、云计算的商业模式

商业模式在创新性研究中依据云计算分析，已经成为企业现代化经营建设的主要方向[1]。云服务以互联网服务的交付使用模式为基础，并利用互联网提供的动态虚拟化资源，实现常态化运转。以用户需求为服务宗旨的云服务，将把与互联网、软件、信息技术相关的扩展服务全部包括在内，使得系统的计算能力成为互联网领域常见的流通商品，并因而具有极为特殊的商业价值。由于商业模式的选择能够影响企业的未来发展，提供云服务的企业必须深入探索独特的商业模式，并挖掘潜在的用户群体，才能在充满竞争的环境中生存并壮大。

（一）基础通信资源云服务

无论是终端软件，还是互联网数据中心，基础通信服务提供商都可以依托云平台的支撑优势，利用平台即服务模式，为软件的开发与测试提供理想的应用环

---

[1] 王银辉. 基于云计算视野的商业模式创新性研究［J］. 现代商业，2016（27）：137.

境。基础通信服务提供商与平台合作，可以借助终端软件的平台即服务，带动基础设施即服务和软件即服务的有机整合，从而能够为终端提供高效、便捷的云计算服务。

基础通信资源云服务商业模式可以借助信息技术、多媒体电信业务和公众服务的云端化发展，获得理想的建构效果。①实现信息技术云端化发展。为了满足自身的云计算需求，降低信息技术经营成本，促进数据分析与资料备份的云端转移，有必要推动信息技术服务的云端化发展。②实现多媒体电信业务的云端化发展。电信业务和多媒体业务的云端化发展，有利于减轻基础通信资源云服务商业模式背后的运营压力。③实现公众服务的云端化发展。推动基础设施即服务、平台即服务、软件即服务的有机整合，开发基础设施资源，为个人用户和企业用户提供优质的云服务。

基础通信资源云服务商业模式的主要盈利途径如下。

第一，用户为满足应用软件的使用需求支付相应费用，这种支付模式推动了云服务商业模式的盈利。用户需求不断增长，涵盖了诸如杀毒软件、用户关系管理软件、企业资源规划软件以及即时通信服务、网络游戏服务、地图和搜索服务等领域。为获取这些服务，用户需要向云服务提供商支付费用，这种商业模式的成功运作提高了云服务提供商的盈利能力。

第二，软件提供商通过节约设备维护成本和软件版权费用来获利，从而推动了软件即服务模式的整体发展。利用云服务提供的开发与测试环境，软件开发者可以在无需支付高额费用的情况下进行应用研发，这一模式不仅使得软件开发更加便捷高效，也降低了软件提供商的成本，从而提升了其盈利能力。

第三，通过租用基础设备，云服务提供商可以帮助终端用户降低信息技术维护的成本。终端用户无须购买、维护昂贵的硬件设备，而是通过租用云服务提供商提供的基础设备来实现业务需求，从而降低运营成本，提高效率。

第四，云服务提供商还可以根据服务等级进行收费，拓宽了管理服务、安全服务和孵化服务等的销售渠道。通过提供不同等级的服务，并针对企业的特定需求提供定制化服务，云服务提供商能够吸引更多用户，并通过不同服务的收费来盈利。这种灵活的服务模式不仅满足了用户的多样化需求，也为云服务提供商带来了更多的商机和盈利空间。

（二）软件资源云服务

软件提供商和硬件生产厂商联合云服务提供商，为个人用户和企业用户提供硬件维护和软件升级服务，由此形成的商业模式被称为软件资源云服务商业模式。此种商业模式的合作手段既可以是服务的简单集成，也可以是数据的存储共享。在软件即服务模式下，软件开发商可以利用工具包处理多元化的用户需求，并将数据存储在云端，方便用户访问、下载。由于该模式能够以硬件生产厂商和软件提供商提供的服务为建构基础，从用户角度出发，布局云计算终端产业链，因此在产品销售与盈利方面，已经取得了比较理想的效果。

围绕基础设施即服务、平台即服务、软件即服务三种模式，设计云计算整体解决方案，利用软件资源云服务商业模式，向用户提供有价值的运营托管业务，并以此作为稳定的经营收入来源，是云服务提供商拓展盈利渠道的前提与基础。

软件资源云服务商业模式的主要盈利途径如下。

第一，利用第三方获益。云服务提供商可以面向第三方开放云服务环境，为其提供软件即服务模式，通过接口开发、用户推广和服务运营等方式获取收益。这种模式使得云服务提供商与第三方合作，共同开发并推广软件服务，实现双方的共赢。

第二，与软件即服务模式的开发商合作。云服务提供商可以通过与软件即服务模式的开发商合作，获得股息红利、分成收入以及平台租金等。通过与开发商的合作，云服务提供商不仅能够提供更多优质的软件服务，还能分享软件销售收入，实现收益最大化。

第三，根据提供的软件孵化服务级别收费。云服务提供商可以根据提供的软件孵化服务级别收费，如深度孵化和远程孵化等。通过收取孵化服务费用，云服务提供商为软件开发者提供全方位的支持和服务，帮助其顺利开发和推广软件产品。

第四，利用软件升级和系统维护获得收益。云服务提供商可以通过为用户提供软件升级和系统维护服务，收取相应的费用。随着技术的不断发展和用户需求的变化，软件和系统的升级维护是必不可少的，云服务提供商可以通过提供这些服务来获取稳定的收益。这些方式的灵活性和多样性为云服务提供商提供了多重收益渠道，有助于提高其盈利能力和竞争优势。

（三）互联网资源云服务

网络业务的多元化发展，为互联网企业拓宽交易渠道奠定了基础。为了创造安全的数据环境和便捷的沟通方式，拥有丰富服务器资源的互联网企业，已经开始尝试使用云计算技术发展云端业务。互联网资源云服务的研发前沿，旨在研究用户的行为习惯，并从中获得有价值的研究方向。

以互联网企业的云计算管理平台为基础，借助相关服务整合，推动软件业务转型，利用云计算软件服务模式替代传统的软件销售模式，是互联网资源云服务商业模式发展的根本理念。围绕用户需求开发云服务产品，是互联网资源云服务商业模式运作的主要手段。

互联网资源云服务商业模式的主要盈利途径如下。

第一，通过出租服务器资源获取收益。互联网资源云服务提供商可以将自己的服务器资源出租给用户，让用户在云端租用所需的计算资源，如虚拟服务器、存储空间等。这种方式使得用户无须投入大量资金购买硬件设备，而是根据需要灵活租用资源，从而降低了用户的成本，同时也为云服务提供商带来了稳定的收益。

第二，通过出租云端工具获取收益。云服务提供商提供各种云端工具，如协同科研平台和远程办公管理软件等，用户可以通过租用这些工具来实现团队协作、远程办公等需求。云服务提供商可以根据工具的使用量或者服务时长等方式收取费用，从而获取收益。

第三，通过提供定制服务获取收益。互联网资源云服务提供商可以根据用户的需求提供定制化的服务，满足用户个性化的需求。用户可以按需选择定制服务类型，并为使用这类服务付费。这种方式不仅能够提高用户满意度，还能够为云服务提供商带来额外的收益。

第四，通过提供资源存储服务获取收益。互联网资源云服务提供商可以提供资源存储服务，为用户提供数据备份、存储和恢复等服务。用户可以将数据存储在云端，随时随地进行访问和管理。云服务提供商可以根据存储容量、使用时长等方式收取费用，从而实现盈利。

云存储利用软件集合不同类型的设备，并借助不同设备之间的协同运作，对外提供资源存储服务。与传统的存储技术相比，云存储服务系统依靠网络服务器、数据访问接口、客户端程序和应用软件等，可以为用户提供更加安全、可靠、方便管理的资源存储服务。

作为云存储商业模式的主要推广手段，免费提供资源存储服务、免费与付费相结合提供附加服务，已经发展成为互联网资源云服务向用户提供资源存储业务的主流商业模式。

为了有效解决业务模式的趋同化发展问题，云服务提供商在业务盈利方式上开展了积极有益的探索。例如，企业需要付费使用资源存储服务；普通用户虽然可以免费使用系统的基础功能，但是，使用增值与扩容功能需要付费，使用文件恢复、备份与云端分享等服务也需要付费。

（四）即时通信云服务

能够有效增进用户交流的互联网即时通信软件，为用户之间实现即时沟通创造了条件。无论是文字、语音，还是文件、视频，都可以借助互联网即时通信软件促成转发与互动。

通过提供简单的编程接口，掌握移动即时通信技术，是即时通信云服务整合云端功能的前提。以云端技术为基础的即时通信系统，既能发挥自身的弹性计算功能，又可以根据开发者的需求，不受时空限制，自动完成扩容任务。此种独特的融合架构设计理念，降低了软件接入难度，能够通过客服平台直接提供基于场景的解决方案，在某种程度上促进了系统扩展能力与界面结构的定制化发展。

收费模式与免费模式是即时通信云服务常见的商业模式。其中，收费模式是目前的主流模式，免费模式则是未来的发展趋势。

即时通信云服务商业模式的主要盈利途径如下。

第一，按照常规用户数量收费。即时通信云服务提供商可以依据用户的注册数量来设定收费标准。这种模式下，无论用户是否活跃，服务提供商均会按照注册用户的数量进行计费。这种模式适用于那些追求扩大用户基础的企业或应用，因为它能够为服务提供商带来稳定的收入来源。

第二，按照日均活跃用户数量收费。除了注册用户数量，即时通信云服务提供商还可以根据每日实际活跃用户的数量来设定收费标准。活跃用户定义为在特定时间段内实际使用即时通信服务的用户。这种计费方式更贴近用户的实际使用情况，对于用户数量波动较大的应用或企业，提供了更灵活的成本控制手段。

第三，按照存储空间收费。即时通信云服务提供商可能会根据用户存储在云端的数据量来收取费用。这些数据包括但不限于聊天记录、文件、图片和视频等。通常情况下，服务提供商提供的存储空间越大，相应的费用也会越高。

第四，按照即时通信业务的推送服务收费。即时通信云服务提供商可以提供消息推送服务，确保实时信息能够及时传达给用户。这种服务对于需要实时通知和提醒的应用或企业来说至关重要。服务提供商可以根据推送消息的数量或频率来设定收费标准，通常以推送消息的条数或推送次数为计费单位。

（五）安全云服务

为了维护网络时代的信息安全，云计算利用存储在云端的病毒特征数据库，判断未知病毒的异常行为，拦截木马病毒和恶意程序，为用户使用计算机设备提供安全保障。

当用户启动免费的云安全防病毒模式后，系统可以根据用户的网络使用习惯，为用户提供个性化的功能、服务与应用，并以此为基础实现盈利，这是安全云服务商业模式的主流路径。通过与网络应用提供商以及网络建设运营商加强合作，防病毒应用软件能够做到及时发现携带木马病毒的恶意程序，为用户提供安全的网络环境。

安全云服务商业模式的主要盈利途径如下。

第一，许多安全云服务提供商采用的策略是提供基础的免费杀毒软件作为吸引用户的手段。免费杀毒软件通常具备基本的防护功能，旨在吸引用户试用并建立品牌信任。随后，服务提供商通过提供个性化的、高级的安全服务来实现盈利。这些高级服务可能包括实时威胁情报、恶意软件检测与防护、网络安全审计等，用户可以根据自己的具体需求选择相应的服务，并支付相应的费用。

第二，安全云服务提供商还可以通过提供全面的安全防护服务体系来获得收益。这种服务体系覆盖了网络安全、终端安全、数据安全等多个方面，为用户提供了一站式的安全解决方案。安全云服务提供商可以提供包括安全咨询、安全策略制定、安全培训在内的多种服务，帮助用户构建和维护一个安全的环境；还包括定期的漏洞扫描、风险评估、安全事件响应等服务，用户可以根据自己的需求选择相应的服务，并支付相应的费用。

第四节　物联网与云计算技术的对比与融合

一、物联网和云计算的对比

物联网和云计算是两个不同但密切相关的概念，它们在信息技术领域扮演着重要的角色。下面将对物联网和云计算进行对比。

第一，数据处理位置。在物联网中，数据通常在边缘设备或传感器上收集并处理，以满足实时性和低延迟的要求。只有处理后的摘要数据或结果才会传输到云端。云计算则主要是在远程的数据中心进行数据的存储、处理和分析，提供强大的计算和存储能力。

第二，数据规模和复杂度。物联网涉及的数据规模可能巨大且具有多样性，来自各种设备和传感器的数据需要被高效地管理和处理。云计算则更多地关注于大规模数据的存储、处理和分析，通过强大的云基础设施提供高效的计算和存储能力。

第三，应用场景。物联网应用于各种领域，包括智能家居、工业自动化、智慧城市等，通过连接各种物品和设备实现智能化和自动化。云计算则广泛应用于数据存储、大数据分析、人工智能等领域，为用户提供各种计算和存储服务。

第四，安全性和隐私。物联网面临着安全性和隐私保护等挑战，因为大量设备和传感器的连接可能会增加网络攻击的风险，同时需要保护用户的隐私信息。云计算也面临着安全性和隐私保护等问题，因为大量的数据存储在远程的服务器上，需要采取各种措施来保证数据的安全性和隐私性。

二、物联网和云计算的融合

云计算和物联网各有诸多优点，若将它们融合在一起构建成云计算物联网，就会发现云计算实际上等同于人的头脑，物联网则是它的眼、鼻、耳、四肢等。云计算与物联网的融合方式可以分为以下三种。

第一，单中心、多终端。单中心、多终端模式适用于规模相对较小的环境，如家庭监控、小区管理等。在这种模式下，各个物联网终端通过云计算数据中心进行数据的统一处理和管理，而云计算数据中心则为用户提供统一的操作接口。通常情况下，这种应用中的云计算数据中心会采用私有云的形式，以确保数据的安全性和隐私性，同时也能够提供足够的存储空间和统一的接口，以更好地辅助日常生活和管理。

第二，多中心、大量终端。多中心、大量终端模式适用于区域跨度较大的企业和单位，或者需要及时共享数据的场景。在这种模式下，云计算数据中心需要同时包括公有云和私有云，并确保两者之间的互联互通，以满足不同数据和信息的传输和共享需求。这种模式能够更好地满足保密性较高的数据要求，同时也能够保证数据的及时性和准确性，不会影响到数据的发布和使用。

第三，信息、应用分层处理，海量终端。信息、应用分层处理，海量终端模式适用于用户广泛、数据种类繁多、安全性要求较高的场景。在这种模式下，可以根据数据的特点和安全需求将信息和应用进行分层处理，以确保数据的安全性和完整性。例如，对于一些安全性要求较低的数据，可以采用本地云计算数据中心进行处理或存储；对于计算要求较高的数据，则可以采用专司高端运算的云计算数据中心进行处理；对于安全性要求极高的数据，则可以置于有灾备中心的云计算数据中心中，以确保数据的安全性和可靠性。

新时期云计算数据处理与数字孪生技术

第一节　云计算数据处理技术

一、分布式数据存储方式

云计算最主要的特征是拥有大规模的数据集，基于该数据集向用户提供服务。为了保证高可用性、高可靠性和经济性，云计算采用了分布式数据存储方式。

（一）分布式系统

分布式系统是由一组通过网络相互连接的计算机及其软件系统构成，这些计算机之间的耦合度较低，通过协同工作实现整体负载均衡。在分布式系统中，计算机通过其上的软件系统实现统一管理和系统资源的有机调配，支持大型任务的分布式计算。从广义上说，网格计算、并行计算以及云计算均可视为分布式计算的不同形式。

分布式系统的概念虽然最早在 20 世纪 70 年代出现，但其大规模应用和发展主要是在近几年。这主要得益于 IT 技术的不断进步，互联网中的数据量呈现出爆炸式增长。为了应对这些海量数据，提供互联网服务的企业需要升级其系统性能。系统性能升级主要有两种方式：纵向扩展和横向扩展。

纵向扩展是指通过提升当前集中式系统中主机的硬件性能来增强整体系统的性能。这种方式的优点在于数据备份和恢复相对简单、部署便捷、安全性高、稳定性好，并且通常维护成本相对较低。随着数据规模的不断增长，设备的升级需求会不断增加，这不仅意味着高昂且持续的成本投入，同时淘汰的旧主机也可能导致资源浪费。此外，硬件技术的局限性也可能成为主机性能升级的制约因素。

横向扩展是指通过增加主机的数量，并将这些主机通过网络连接组成分布式系统，以实现数据的共同存储和任务的并行处理。这种方式有助于降低系统升级的单次成本，并且通常无须淘汰现有设备。横向扩展后的分布式系统需要专门的软件系统来进行资源的整合、调配和管理，因此系统的整体性能和稳定性可能受到软件系统性能的影响。与集中式系统相比，分布式系统的安全性可能面临更多的挑战，需要额外的安全措施来确保数据的安全。

（二）分布式文件系统

分布式文件系统是为分布式数据存储提供技术支持的系统，也被称为集群文件系统，由分布式存储系统中多个节点通过网络共同构建和共享的文件系统组成。在分布式文件系统中，文件存储在分布式存储系统中的多个节点上（称为服务器集群），通过设置冗余来提高系统的容错性，实现对海量数据的存储、管理和快速访问。

最具代表性的分布式文件系统包括 Google 文件系统（GFS）和 Hadoop 分布式文件系统（HDFS）。

（三）分布式存储系统

分布式数据存储是利用分布式系统来存储数据，用于存储数据的分布式系统也被称为分布式存储系统。简单来说，分布式存储系统是一种技术，利用许多分散的小容量存储器来存储大数据。分布式存储系统不仅仅是简单地利用控制模块对存储器进行统一管理，而是通过网络有机地对大量同构或异构的存储器进行调配，这些存储器具有与自身匹配的计算能力，可满足存储系统的扩展需求。

传统的大型集中式存储系统容量通常从太字节（TB）起步，有些通过扩展可达到拍字节（PB）级别，但受制于成本，服务器或控制模块的计算能力与存储设备的容量无法同步提升，因此随着容量的增长，传统存储系统的整体性能将逐渐受到限制；而分布式存储系统则由于采用了先进的技术架构，无须担心计算能力跟不上，因此可以成倍甚至呈指数级扩大存储规模。因此，分布式存储系统的容量通常从 PB 起步，最高可扩展至艾字节（EB）级别，能够满足大数据的存储需求。

与传统存储系统相比，分布式存储系统具有低成本、高性能、可扩展、易用性和自治性等特征。

二、并行编程模式

并行编程模式是一种用于编写能够有效利用多核处理器和分布式计算环境的程序的方法。它是计算机科学和软件工程领域的一个重要概念，随着硬件技术的发展和计算机体系结构的演进，越来越受到关注和应用。

在传统的单核处理器时代，程序员主要关注代码的顺序执行和串行性能优化。但随着多核处理器的普及，程序员面临更多的挑战，因为单纯地提高时钟频率已经不再是提升计算性能的唯一方法。并行编程模式应运而生，它的核心思想是将一个任务拆分成多个子任务，并同时执行这些子任务，以充分利用多核处理器的潜力。

（一）并行编程的方法

并行编程模式是一种计算机编程方法，旨在充分利用多核处理器和分布式计算资源，以加速程序的执行。这种编程模式通常涉及任务并行和数据并行，以及隐式并行和显式并行，同时还牵涉到分布存储和共享存储。

1. 任务并行和数据并行

① 任务并行。在任务并行的编程范式中，整个程序被拆分为多个独立的子任务或线程，每个子任务或线程负责执行程序的不同部分。这些任务能够同时执行，彼此之间互不干扰，从而显著提高了整体的处理速度。任务并行在需要将复杂问题分解为多个可独立解决的子问题时尤为有效。例如，在图像处理中，可以将一幅图像的不同区域或部分分别交由不同的任务进行滤波处理。

② 数据并行。数据并行则侧重于将大型数据集分割为多个小块，并对这些小块数据执行相同的操作。每个处理单元（如处理器核心或线程）都负责处理数据集的一个子集，从而实现并行计算。数据并行在处理大型数据集时极为有用，如机器学习中的训练过程，可以将训练数据划分为多个批次，每个批次由不同的处理单元同时处理，从而加速训练过程。

2. 隐式并行和显式并行

① 隐式并行。在隐式并行的编程模型中，程序员不需要明确指出哪些部分应该并行执行。编译器或运行环境会根据程序的结构和依赖关系自动检测和优化并行执行的机会。这种方式简化了编程过程，但也可能限制程序员对并行执行细节的控制。

② 显式并行。与隐式并行不同，显式并行要求程序员明确指出哪些操作或代码块应该并行执行，以及如何同步和连通这些并行执行的部分。这种编程方式提供了更大的灵活性和对并行执行的控制力，但相应地也增加了编程的复杂性和对并发问题的关注。

3. 分布存储和共享存储

① 分布存储。在分布存储模型中，数据被分散存储在不同的计算节点或服务器上。每个节点负责处理其本地存储的数据子集，并通过网络进行必要的通信。这种模型适用于大规模分布式系统，如云计算管理平台和分布式数据库，它可以提高系统的可扩展性和容错性，但同时也会带来数据一致性和通信开销的问题。

② 共享存储。共享存储模型则允许多个计算节点或线程访问和操作同一块物理存储区域。这种模型简化了数据共享和通信的过程，但也增加了并发控制和同步的复杂性。为了避免数据冲突和不一致，需要采用适当的同步机制来协调不

同节点或线程对共享数据的访问。

（二）并行编程的技术内容

1. 消息传递接口

消息传递接口（MPI）属于一种事实规范，用于在应用进程中管理数据迁移的函数。MPI 可以定义两个进程之间的通信函数，还可以聚合多个进程的通信函数以及进程管理、并行 I/O 的函数。

通信数据的布局和类型由 MPI 的通信器指定，MPI 可以优化非连续数据的引用和操作，并为异构机群提供应用支持。MPI 的功能由 SPMD 模型实现，即所有的应用进程都执行相同的程序逻辑。MPI 具有良好的可移植性，在其基础上已经开发了许多相关的软件库，主要用于高效地完成一些常用算法。然而，对于开发人员来说，显式消息传递编程会增加其负担，因此，从目前的程序开发程度来看，其他技术更为实用。

2. 并行虚拟机

并行虚拟机（PVM）代表了一种实现通用消息传递的模型，其产生早于消息传递接口（MPI），是第一个用于开发可移植信息传递并行程序的标准。尽管 PVM 在后续的发展中被 MPI 所取代，但在某些特定的工作站机群环境中，PVM 仍然保持着其不可替代的作用。

PVM 的主要功能是确保并行程序的可移植性，并为多个异构节点提供通信支持。设计 PVM 的核心思想是突出程序的"虚拟机"作用，通过网络连接各组异构节点，形成一个逻辑上独立的大型并行计算环境。

MPI 确实提供了丰富的通信函数，并在某些特殊通信模式中具有优势，但 PVM 在特殊通信中可能无法提供与 MPI 完全相同的函数集。相较于 MPI，PVM 在某些方面展现出更好的容错功能，特别是在由异构节点构成的机群中，PVM 的容错优势更为明显。

3. 并行编译器

在实际操作中，并行编程较为困难，因此人们会选择编译器来完成所有工作，从而形成自动并行化。自动并行化是指在串行程序中利用编译器提取并行性信息，这种自动化是计算机软件领域的发展目标。然而，相较于自动向量化，并行编译的成功并不如此。由于并行机硬件和编译器分析的复杂性，应用程序在自动并行编译过程中容易失败。因此，自动并行编译取得成功的情况主要局限于小规模处理机和共享系统中。

4. OpenMP

OpenMP 是一种多线程多处理器并行编程语言，主要针对共享内存和分布式共享内存架构。它是当前被广泛接受的编译处理方案之一。OpenMP 可以描述抽象的高层并行算法，程序员在指明意图的同时，在源代码中加入特定的 pragma，编译器可以据此并行化应用程序，并在关键位置加入通信和同步互斥。

OpenMP 还提供了 workshare 指令，主要用于开发数组赋值语句中数据的并行性。它可以实现细粒度和粗粒度的并行。

第二节　云存储技术与典型系统

一、云存储技术

（一）云存储技术的优势

云存储技术通过集群应用、虚拟化、分布式文件系统等将网络中大量不同类型的存储设备集合起来协同工作，以此缓解老式数据中心的存储压力❶。云存储技术是一种革命性的数据存储和管理方法，它已经在过去几年里迅速发展并广泛应用于个人、企业和政府等各类用户。云存储技术通过将数据存储在远程服务器上，然后通过互联网访问，提供了许多优势和便利性，这些优势如下。

1. 可扩展性

用户可以根据实际需求轻松扩展存储容量，无须购买额外的硬件设备或进行烦琐的物理维护。这一特点使得云存储成为应对不断增长的数据需求的理想选择，无论是企业数据、大型媒体文件还是备份资料，都能得到妥善管理。

2. 成本效益

与传统的本地存储解决方案相比，云存储通常更为经济实惠。用户只需根据实际使用的存储空间付费，无须承担设备购置、电力消耗以及维护成本。这种按需付费的模式使得云存储成为许多企业和个人的优选方案。

3. 可访问性

用户可以随时随地通过互联网访问存储在云端的数据，不再受限于特定的物理位置或设备。这种无处不在的可访问性极大地提高了工作效率，使得远程工作和团队协作变得更加容易。

4. 自动备份和恢复

数据通常会被存储在多个地理位置，以防止单点故障的发生。这意味着即使发生意外情况，用户也能迅速恢复数据，确保业务的连续性。

5. 数据安全性

云存储提供了加密、身份验证和访问控制等高级安全选项，有效保护用户的敏感信息免受未经授权的访问和数据泄露的威胁。

6. 协作和共享

云存储技术还促进了协作和共享。多个用户可以同时编辑和共享文件，无论

---

❶ 钟小军，杨磊，黄莉旋，等. 农村综合信息服务平台云存储技术研究与应用 [J] . 广东农业科学，2015，42（3）：170.

他们身处何地。这种跨地域的协作方式极大地提高了团队合作的效率，并促进了信息的流通和共享。

7. 绿色环保

云存储技术的实施对绿色环保产生了积极影响。它通过优化数据存储和传输过程，实现了能源的更高效管理和利用，从而有效降低了能源消耗，减轻了对环境的压力，为实现可持续发展目标贡献了重要力量。

（二）云存储技术的原理

云存储技术依赖于大规模的数据中心，这些数据中心由云服务提供商负责维护和管理。用户可以将数据上传到这些数据中心，并随后通过互联网连接访问这些数据。为了实现更高的可用性和容错性，数据通常会被存储在多个物理位置。

目前，云存储技术模型已经成为个人用户、企业和组织存储数据的首选方式。这一选择主要归因于云存储技术所提供的高度便捷性、灵活性和可靠性。用户能够随时随地访问其数据，而无须担心硬件设备的限制或维护问题。同时，云存储服务也通常提供了数据备份和恢复机制，以确保数据的完整性和安全性。

二、云存储的典型系统

目前，云计算系统中广泛使用的数据存储系统是 Google 的非开源的 GFS 和 Hadoop 团队开发的开源的 HDFS，大部分 IT 厂商的"云"计划采用的都是 HDFS 的数据存储技术。以上技术实质上是大型的分布式文件系统，在计算机组的支持下向用户提供所需要的服务。

（一） Google 文件系统——GFS

GFS 是一个可扩展的分布式文件系统，专为大型、分布式、须对大量数据进行访问的应用设计。它为 Google 云计算提供海量存储，并与 Chubby、MapReduce 以及 BigTable 等技术紧密结合，成为这些核心技术的底层支撑。

GFS 的设计思想迥异于传统文件系统，它是针对大规模数据处理和 Google 应用特性而定制的。它运行于廉价的普通硬件之上，但具备强大的容错功能，能够为大量用户提供高效、可靠的服务。

在设计上，GFS 具有以下显著特点。

第一，大文件和大数据块。数据文件的大小普遍达到 GB 级别，每个数据块默认大小为 64MB，这显著减小了元数据的大小，使得 Master 节点能够轻松地将元数据放置在内存中，从而提高访问效率。

第二，操作以添加为主。在 GFS 中，文件很少被删除或覆盖，通常只进行添加或读取操作。这种设计充分考虑到了硬盘现行吞吐量大和随机读写慢的特点。

第三，支持容错。尽管 GFS 采用了单 Master 的设计方案，但整个系统保证了每个 Master 都有相应的复制品，以便在 Master 节点出现问题时能够迅速进行切换。在 Chunk 层，GFS 将节点失效视为常态，因此能够有效地处理 Chunk 节点失效的问题。

第四，高吞吐量。虽然单个节点的性能可能并不突出，但由于 GFS 支持上千个节点，因此整个系统的数据吞吐量非常惊人。

第五，数据保护。为了确保数据的安全性，GFS 将文件分割成固定尺寸的数据块，并复制 3 份进行存储。

第六，扩展能力强。由于元数据相对较小，一个 Master 节点能够控制上千个存储数据的 Chunk 节点，这使得 GFS 具有强大的扩展能力。

第七，支持压缩。对于稍旧的文件，GFS 支持压缩功能，以节省硬盘空间。其压缩率非常高，有时甚至接近 90%。

第八，用户空间。虽然用户空间在运行效率方面可能稍逊一筹，但它在开发和测试方面提供了更大的便利，并且能够更好地利用 Linux 自带的一些 POSIX API。

（二）　Hadoop 分布式文件系统——HDFS

HDFS 作为 Hadoop 项目的核心子项目，是分布式计算中数据存储管理的基础，是基于以流数据模式访问和处理超大文件的需求而开发的，它和现有的分布式文件系统有很多共同点。同时，它和其他的分布式文件系统的区别也是很明显的：HDFS 是一个具有高度容错性的系统，适合部署在廉价的机器上；HDFS 能提供高吞吐量的数据访问，非常适合大规模数据集上的应用；HDFS 放宽了一部分 POSIX 约束来实现流式读取文件系统数据的目的。

第三节　数字孪生技术及其结构模型

一、数字孪生技术

（一）数字孪生的概念

随着云计算、物联网、大数据等互联网技术，以及人工智能等智能技术的持续发展和深化应用，各行各业贯彻加快建设制造强国，加快发展先进制造业，推动互联网、大数据、人工智能和实体经济深度融合。国防军工企业进入以智慧（或智能）为标志的数字化转型阶段。数字化转型将通过数字技术与工业技术的融合来推动产品设计、工艺、制造、测试、交付、运维全环节的产品研制创新，通过数字技术与管理技术的融合来推动计划、进度、经费、合同、人员、财务、资源、交付、服务和市场全链条的企业管理创新。数字孪生作为重要的支撑理论和技术得到更多关注与认可。

数字孪生，也叫作数字镜像、数字双胞胎、数字映射。数字孪生是以数字化方式创建物理实体的虚拟模型，借助数据模拟物理实体在现实环境中的行为，通过虚实交互反馈、数据融合分析、决策迭代优化等手段，为物理实体增加或扩展新的能力。数字孪生在面向产品全生命周期过程中，作为一种充分利用数据、模型、智能并集成多学科的技术，发挥着连接物理世界和信息世界的桥梁和纽带作用，提供更加实时、高效、智能的服务。数字孪生描述为：数字孪生是现实世界实体或系统的数字化表现。由此可见，数字孪生成为任一信息系统或数字化系统的总称。

（二）数字孪生的应用技术

1. 软件架构技术

数字孪生作为物理世界的数字化表现，具备对物理世界建模、管理、演进的相关要求。在数字孪生支撑系统的实现方面，软件架构是构建数字孪生支撑系统的基础。数字孪生首先要选择满足能力要求的软件架构。软件架构技术先后经历单体架构、C/S 软件架构、B/S 软件架构、SOA 软件架构以及微服务架构等。在架构选择方面需综合考虑数字孪生系统在数据、集成、安全以及技术异构方面的复杂性，选择开放性好、兼容性强的微服务架构，基于最新的云原生技术、大数据技术、AI 技术构建系统整体框架，并结合最新、活跃的开源社区成果，结合数字孪生应用有针对性地建设相应的数字孪生软件架构及其相关架构技术选型，为数字孪生支撑系统奠定持续发展的技术基础。

2. 数据管理技术

数据的管理能力是数字孪生正确发挥作用的关键，提供有效管理物理实体的全集数据的技术和机制是数字孪生的基础。全集数据管理技术包括数据采集、数据识别、数据融合、数据技术状态和数据安全等。在数据采集和识别方面，数字孪生需要将来自互联网、物联网、智联网等多种网络渠道的产品数据、运营数据、机器数据、价值链数据和其他外部数据等多源数据进行管理和辨识；在数据融合方面，需要将企业的各类数据进行精细化管理，如结构化、半结构化、非结构化数据的提取和同步技术，尤其是非结构化数据的提取和同步处理；在数据技术状态方面，当各类数据间存在较强一致性要求时（如工业企业严格的技术状态约束要求），维护数据间的关联及变化，保障数据的一致性是确保数据价值的重要要求；在数据安全方面，除日常的数据安全之外，当涉及业务、商业或竞争需要而必须考虑数据权属要求时，数据的隐私和安全成为全集数据管理重要的应用技术。

3. 动态建模与模型驱动技术

模型是数字孪生实现模型驱动的关键。来自物理世界的不同客体对应不同的模型，这就导致数字建模需要适应类型多样、属性多样、关系多样的客观现实。数字孪生需要具备通用的、普适的建模及模型管理机制。建模与模型管理技术首先要对各种复杂对象、属性、关系的表达技术进行分析，以满足静态以及按需的、动态的建模需要（如关系、属性的动态定义、计算属性等），适应不同客体的定义需要；其次，需要具备模型的接入和适配技术，即不同的客体数据可以通过自动化或半自动化方式连接到数字孪生的定义模型中（如通过 ETL 工具或者定制的数据适配器），从而建立起模型驱动的业务模式。另外，异构模型互操作技术也是数字孪生所需的关键技术，尤其是在工程领域的场景下，产品机械计算机辅助设计（MCAD）模型、电子计算机辅助设计（ECAD）模型以及仿真分析模型之间需要实现有效的数据交换和集成。

4. 高效数据分析技术与精准服务技术

为更好地服务于物理客体的业务或商业目标，准确、随时地向物理实体提供被动或主动的反馈，数字孪生必须使用快速高效的数据分析技术和精准服务技术。数据分析技术包括分析场景与分析画像定义及基于画像的数据快速处理。

首先，数字孪生可以结合实际的业务类型、环境等要素快速识别、获取并定义场景，快速完成场景画像，建立获取专业服务的关键输入。

其次，根据识别后的场景快速组织所需的各类数据，依据对应的领域模型，提供快速分析计算服务，并得到计算结果。

目前，在数据分析技术方面以外购数据采集、计算、存储、加工能力来进行数据处理分析的做法只是为数字孪生提供技术支撑能力，未来只有充分和业务强关联、强融合，建立结合业务的业务模型，从而通过数据和模型来驱动业务才可以进一步体现数据驱动、模型驱动的业务理念和价值。精准服务技术方面需要持续的知识自动化和智能化技术，要求不同业务环节不断进行知识积累和沉淀，将各类专业技术、专业技能、专业流程和专业服务数字化、结构化、软件化，继而实现针对业务环节的精准筛选和推介；精准服务技术中的精准靶向还需要面向不同客体提供个性化智能服务技术，数字孪生可以根据不同的客体（如人、设备和系统），将反馈结果推送到客体本身或指定中间环节（中间环节再计算或再处理），最终形成满足客体需要的个性化服务。

5. 沉浸式体验技术

数字孪生强调体验技术，在体验方面除传统数字化系统常用的图形用户界面（GUI）、图表式、CAD/CAE 模型及其他可视化展示方式之外，将充分结合虚拟现实（VR）、增强现实（AR）和混合现实（MR）等多种感知技术，通过多模式、多渠道体验来实现人类与数字世界的高效连接。如多声道体验将在这些多模式设备中动用所有人类感官以及先进的计算机器官（如雷达），这种多体验技术将创造一种环境体验，真正向"环境就是计算机"的方向逐渐演化。

尤其是感知和交互模型的组合将带来对物理客体的更全面的沉浸式体验，推动对物理客体的认知发展和提升，实现从考虑个人设备和分散的用户界面（UI）技术逐步向多模式多渠道的综合体验转变。

二、数字孪生的结构模型

以飞机、汽车、船舶、武器系统为代表的高技术产品设计、制造、运行、项目管理等过程十分复杂，在不同阶段可能表现出"不可预测的非期望行为"。通过基于数字孪生模型的仿真预测可以最大程度减少复杂产品的该类行为，避免不可知的负面事件发生。数字孪生模型是工业机理知识与数据科学融合的产物，是工业数据分析模型的典型代表。数字孪生落地应用的首要任务是创建应用对象的数字孪生模型。

当前，数字孪生模型多沿用最初定义的三维模型，即物理实体、虚拟实体及二者间的连接。随着相关理论技术的不断拓展与应用需求的持续升级，数字孪生的发展与应用呈现出新趋势与新需求。

（一）数字孪生五维模型

对于复杂度较高、管控深度较深的场景，传统的三维数字孪生模型已无法起到指导作用❶。为适应新趋势与新需求，解决数字孪生应用过程中遇到的难题，使数字孪生进一步在更多领域落地应用，北航数字孪生技术研究团队对已有三维模型进行了扩展，并增加了孪生数据和服务两个新维度，创造性地提出了数字孪生五维模型（Mpr）的概念，并对数字孪生五维模型的组成架构及应用准则进行了研究。

数字孪生五维模型能满足数字孪生应用的新需求。首先，Mpr是一个通用的参考架构，适用于不同领域的不同应用对象。其次，它的五维结构能与物联网、大数据、人工智能等NewIT集成与融合，满足信息物理系统集成、信息物理数据融合、虚实双向连接与交互等需求。最后，虚拟实体（VE）从多维度、多空间及多时间尺度对物理实体进行刻画和描述；服务（Ss）对数字孪生应用过程中面向不同领域、不同层次用户、不同业务所需的各类数据、模型、算法、仿真、结果等进行服务化封装，并以应用软件或移动端App的形式提供给用户，实现对服务的便捷与按需使用；孪生数据（DD）集成融合了信息数据与物理数据，满足信息空间与物理空间的一致性与同步性需求，能提供更加准确、全面的（全要素、全流程、全业务）数据支持；连接（CN）实现物理实体、虚拟实体、服务及数据之间的普适工业互联，从而支持虚实实时互联与融合。

1. 物理实体

物理实体（PE）是数字孪生五维模型的构成基础，对PE的准确分析与有效维护是建立Mpr的前提。PE具有层次性，按照功能及结构一般包括单元级PE、系统级PE和复杂系统级PE三个层级。以数字孪生车间为例，车间内各设备可

---

❶ 裴爱根，戚绪安，刘云飞，等. 基于五维模型的数字孪生树状拓扑结构 [J]. 计算机应用研究，2020，37（S1）：240.

视为单元级 PE，是功能实现的最小单元；根据产品的工艺及工序，由设备组合配置构成的生产线可视为系统级 PE，可以完成特定零部件的加工任务；由生产线组成的车间可视为复杂系统级 PE，是一个包括物料流、能量流与信息流的综合复杂系统，能够实现各子系统间的组织、协调及管理等。根据不同应用需求和管控力度对 PE 进行分层，是分层构建 Mpr 的基础。例如，针对单个设备构建单元级 Mpr，从而实现对单个设备的监测、故障预测和维护等；针对生产线构建系统级 Mpr，从而对生产线的调度、进度控制和产品质量控制等进行分析及优化；而针对整个车间，可构建复杂系统级 Mpr，对各子系统及子系统间的交互与耦合关系进行描述，从而对整个系统的演化进行分析与预测。

2. 虚拟实体

虚拟实体（VE）包括几何模型（Gv）、物理模型（Pv）、行为模型（Bv）和规则模型（Rv），这些模型能从多时间尺度、多空间尺度对 PE 进行描述与刻画。

Gv 为描述 PE 几何参数（如形状、尺寸、位置等）与关系（如装配关系）的三维模型，与 PE 具有良好的时空一致性，对细节层次的渲染可使 Gv 从视觉上更加接近 PE。Gv 可利用三维建模软件（如 SolidWorks、3DS MAX、Pro/E、AutoCAD 等）或仪器设备（如三维扫描仪）来创建。

Pv 在 Gv 的基础上增加了 PE 的物理属性、约束及特征等信息，通常可用 ANSYS、ABAQUS、HyperMesh 等工具从宏观及微观尺度进行动态的数学近似模拟与刻画，如结构、流体、电场、磁场建模仿真分析等。

Bv 描述了不同粒度、不同空间尺度下的 PE 在不同时间尺度下的外部环境与干扰以及内部运行机制共同作用下产生的实时响应及行为，如随时间推进的演化行为、动态功能行为、性能退化行为等。创建 PE 的行为模型是一个复杂的过程，涉及问题模型、评估模型、决策模型等多种模型的构建，可利用有限状态机、马尔可夫链、神经网络、复杂网络、基于本体的建模方法进行 Bv 的创建。

Rv 包含基于历史关联数据的规律、基于隐性知识总结的经验，以及相关领域的标准与准则。这些规律随着时间的推移实现自增长、自学习和自演化，赋予虚拟实体（VE）实时判断、评估、优化及预测的能力。因此，Rv 不仅能对物理实体（PE）进行控制与运行指导，还能对 VE 进行校正与一致性分析。

Rv 的获取方式多样，可以通过集成已有的知识库来构建，也可以利用机器学习算法不断挖掘并产生新的规则。通过对上述不同类别的模型进行组装、集成与融合，能够创建出与 PE 相对应的完整 VE。

为了确保 VE 的可靠性，还需要通过模型校核、验证和确认（VV&A）的流程来验证 VE 的一致性、准确度、灵敏度等关键性能，以保证 VE 能够真实地映射 PE。

为了进一步增强 VE 的沉浸性、真实性和交互性，还可以利用 VR 技术与 AR 技术实现 VE 与 PE 的虚实叠加及融合显示，为用户提供更为丰富和真实的体验。

3. 服务

服务（Ss）是指对数字孪生应用过程中所需各类数据、模型、算法、仿真、结果进行服务化封装，以工具组件、中间件、模块引擎等形式支撑数字孪生内部功能运行与实现的"功能性服务"（FService），以及以应用软件、移动端 App 等形式满足不同领域、不同用户、不同业务需求的"业务性服务"（BService），其中 FService 为 BService 的实现和运行提供支撑。

FService 主要包括：①面向 VE 提供的模型管理服务，如建模仿真服务、模型组装与融合服务、模型 VV&A 服务和模型一致性分析服务等；②面向 DD 提供的数据管理与处理服务，如数据存储、封装、清洗、关联、挖掘、融合等服务；③面向 CN 提供的综合连接服务，如数据采集服务、感知接入服务、数据传输服务、协议服务、接口服务等。

BService 主要包括：①面向终端现场操作人员的操作指导服务，如虚拟装配服务、设备维修维护服务、工艺培训服务；②面向专业技术人员的专业化技术服务，如能耗多层次多阶段仿真评估服务、设备控制策略自适应服务、动态优化调度服务、动态过程仿真服务等；③面向管理决策人员的智能决策服务，如需求分析服务、风险评估服务、趋势预测服务等；④面向终端用户的产品服务，如用户功能体验服务、虚拟培训服务、远程维修服务等。这些服务对于用户而言是一个屏蔽了数字孪生内部异构性与复杂性的黑箱，通过应用软件、移动端 App 等形式向用户提供标准的输入/输出，从而降低数字孪生应用实践中对用户专业能力与知识的要求，实现便捷地按需使用。

4. 孪生数据

孪生数据（DD）是数字孪生的驱动，DD 主要包括 PE 数据（Dp）、VE 数据（Dv）、Ss 数据（Ds）、知识数据（Dk）及融合衍生数据（Df）。

Dp 主要包括体现 PE 规格、功能、性能、关系等的物理要素属性数据与反映 PE 运行状况、实时性能、环境参数、突发扰动等的动态过程数据，可通过传感器、嵌入式系统、数据采集卡等进行采集。

Dv 主要包括 VE 相关数据，如几何尺寸、装配关系、位置等几何模型相关数据，材料属性、载荷、特征等物理模型相关数据，驱动因素、环境扰动、运行机制等行为模型相关数据，约束、规则、关联关系等规则模型相关数据，以及基于上述模型开展的过程仿真、行为仿真、过程验证、评估、分析、预测等的仿真数据。

Ds 主要包括 FService 相关数据（如算法、模型、数据处理方法等）与 BService 相关数据（如企业管理数据、生产管理数据、产品管理数据、市场分析数据等）。

Dk 主要包括专家知识、行业标准、规则约束、推理推论、常用算法库与模型库等。

Df 是对 Dp、Dv、Ds、Dk 进行数据转换、预处理、分类、关联、集成、融合等相关处理后得到的衍生数据，通过融合物理实况数据与多时空关联数据、历史统计数据、专家知识等信息数据得到信息物理融合数据，从而反映更加全面与准确的信息，并实现信息的共享与增值。

5. 连接

连接（CN）实现了其各组成部分的互联互通。CN 包括了 PE（物理实体）和 DD（孪生数据）的连接（CN_PD）、PE 和 VE（虚拟实体）的连接（CN_PV）、PE 和 Ss（服务）的连接（CN_PS）、VE 和 DD 的连接（CN_VD）、VE 和 Ss 的连接（CN_VS）、Ss 和 DD 的连接（CN_SD）。

① CN_PD 实现 PE 和 DD 的交互。利用各类传感器、嵌入式系统、数据采集卡等工具，对 PE 数据进行实时采集，并通过 MTConnect、OPC UA、MQTT 等协议规范传输至 DD。相应地，DD 中经过处理的数据或指令通过 OPC UA、MQTT、CoAP 等协议规范传输并反馈给 PE，以实现 PE 的运行优化。

② CN_PV 实现 PE 和 VE 的交互。CN_PV 与 CN_PD 的实现方法及协议类似。采集的 PE 实时数据传输至 VE，用于更新、校正各类数字模型；同时，VE 产生的仿真分析等数据被转化为控制指令，并通过相应的机制下达至 PE 执行器，以实现对 PE 的实时控制。

③ CN_PS 实现 PE 和 Ss 的交互。CN_PS 与 CN_PD 的实现方法及协议也类似。采集的 PE 实时数据传输至 Ss，以实现对 Ss 的更新与优化；Ss 产生的操作指导、专业分析、决策优化等结果则以应用软件或移动端 App 的形式提供给用户，用户通过人工操作实现对 PE 的调控。

④ CN_VD 实现 VE 和 DD 的交互。通过 JDBC、ODBC 等数据库接口，一方面将 VE 产生的仿真及相关数据实时存储到 DD 中，另一方面实时读取 DD 中的融合数据、关联数据、生命周期数据等，以驱动动态仿真过程。

⑤ CN_VS 实现 VE 和 Ss 的交互。通过 Socket、RPC、MQSeries 等软件接口，实现 VE 与 Ss 的双向通信，完成直接的指令传递、数据收发、消息同步等功能。

⑥ CN_SD 实现 Ss 和 DD 的交互。与 CN_VD 类似，通过 JDBC、ODBC 等数据库接口，一方面将 Ss 的数据实时存储到 DD 中，另一方面实时读取 DD 中的历史数据、规则数据、常用算法及模型等，以支持 Ss 的运行与优化。

（二）数字孪生能力模型

当把数字孪生视为现实世界实体或系统的数字化表现时，更注重架构引领、模型驱动、数据驱动、虚实融合要求。为此，从过程演化角度建立了数字孪生的"定义、展现、交互、服务、进化"五维度能力模型。其中，数据是整个能力模型的基础，五大能力围绕数据来发挥作用和效能。

1. 数字孪生的定义能力

数字孪生的定义能力是指通过软件定义的方式将物理客体及其构成在数字空

间实现客体属性、方法、行为等特性的数字化建模。构建程度可以是微观原子级，也可以是宏观几何级。数字孪生作为现实世界实体或系统的数字化表现，因为人类社会尚有未发现的真理、未发明的技术、未掌握的知识技能，故对物理客体的认识本身始终是逐渐逼近真相的过程，所以数字孪生的构建能力是模型驱动的基础，是推动对客体认识的不断深入、不断定义的过程。

2. 数字孪生的展现能力

数字孪生的展现能力是指利用文字、图形、图像以及特定展现格式呈现物理客体的组成及特性。数字孪生的展现能力要求对数字空间中定义的客体的静态和动态内容进行展示。静态内容包括客体属性、方法、行为相关数据及其关联，动态内容是根据客体可视化需要动态、快速、准确地展示实时或准实时的可变信息，最终实现高逼真、高精度、高动态的信息展现，为科学认知物理客体提供手段。

3. 数字孪生的交互能力

数字孪生的交互能力是数字孪生有别于传统信息化系统和数字应用的关键特性。数字孪生通过多种传感设备或终端实现与物理世界的动态交互，因为有了动态交互能力才能将物理世界与数字世界连接为整体，从而使得数字孪生可以实时、准确地获取物理客体的信息。数字孪生依据定义模型和客体信息进行实时计算与分析，并将分析结果反馈给物理客体，为物理客体的执行提供信息参考，或为相应人员提供决策支持，从而更准确、及时、客观地把握客体状态并进一步增强与物理客体的耦合时效。

4. 数字孪生的服务能力

服务能力是数字孪生对物理客体赋能的体现，在传统物理客体基础上，因为具有了数字孪生的支持，可以具备传统客体不具备的新的特性和能力，从而使物理客体自身伴随数字孪生发生实质性变化。数字孪生利用先进的大数据分析和人工智能等技术，获得超出现有认知的新信息，为人类认知客体提供更直观翔实的佐证和依据，为人类再设计再优化客体提供支持，推动物理客体的改进和提升。同时，物理客体通过配备内置传感、物联及控制器件，实现对数字孪生中计算、分析的结果传递和信息的接收，使客体在数字感知、反馈、分析、自主决策水平方面得以提升。

5. 数字孪生的进化能力

数字孪生的进化能力是指数字孪生可以随着物理客体的发展存亡，在广度和深度维度实现对物理客体详尽描述和记录。广度上的进化是指可全面记录物理客体全生命周期内的状态、行为、过程等静态或动态信息，具备无限量信息接纳能力；深度上的进化是指可随时复现物理客体任一时刻的状态，并可根据认知机理和规则推演或仿真未来时刻的"假设"场景，并预判其状态。另外，数字孪生具备自学习、自适应能力，可以对自身的各种能力实现迭代和优化。

第四节　数字孪生技术的应用实践

一、数字孪生技术在引洮供水工程中的应用

当前社会经济稳定高速发展对水资源保障提出了更高的要求，水利事业需要从信息化向智慧化转变，而引调水工程作为水利行业的关键组成部分，对其智慧化建设的研究也备受关注。数字孪生技术作为解决"信息水利"向"智慧水利"跨越过程中科学决策问题的重要手段，是我国水利工程智慧化发展的重要动力。该技术通过为物理实体构建数字虚体，运用其虚实交互、以虚控实等特点，推进物理场景与虚拟场景的融合，解决传统水利工程中信息不对称、决策依赖经验、管理方式繁杂等关键问题。因此，数字孪生技术能够为新阶段水利行业提供强力驱动和有力支撑。

（一）引洮供水工程的信息化基础

在数字孪生建设中，物理实体的属性数据是构建数字虚体的基础。数据的采集、传输、处理需要完善的全域感知设施、通信网络设施和智能计算设施，引洮供水工程在经过一期、二期的信息化建设后，已经完成了十二大系统的构建，并且在此基础上建设了全域监控监测，在一定程度上具备了建设数字孪生的基础。

1. 全域感知设施

全域感知设施承载着数据采集的功能，在关键节点设置水位计、水质监测仪、压力传感器等设备，对供水过程中水资源的水位、流量、水质、压力进行采集，完成引洮供水工程的水情监控、水质检测。工程建设过程中采用统一的监控设备，在水库、泵站、大坝、闸阀门、水源地监测等关键位置布设高清摄像头，汇聚为统一的监测汇集平台，完成工程安全监测、视频图像采集和闸、阀门监测。

2. 通信网络设施

网络通信系统承载着数据传输的功能，为工程勘测、现场施工、后期运营提供数据感知和交互支持。引洮供水工程在建设过程中根据实地情况，考虑到了安全性和稳定性，采用控制专网、业务内网和业务外网等多种融合通信方式，在网络安全的体系下构建了信息通信网络平台，通过该平台实现监测数据、运行数据的传输以及工程建设单位以及管理单位之间的信息交互。

3. 智能计算设施

智能计算设施服务于数据引擎，针对数据采集、挖掘、服务以及可视化模拟仿真引擎的数据资源管理平台建设，是数据计算分析的硬件基础。在此基础上，构建虚拟仿真平台，对引洮供水工程数据资源、水利数据资源、计算资源进行整合，提高资源利用率。建设完善的本地备份系统，根据业务建设异地备份，最大

程度保障数据的安全性。

（二）数字孪生重要技术

1. 数据采集

对于数字孪生引洮供水工程来讲，大量的实时数据是非常重要的，可以迅速准确建立模型并进行实时监测。因此，数据采集技术尤为重要。各种物理实体的物理量、环境参数和设备状态可以通过传感、定位、遥感、监督技术形成空天地一体化监测手段来收集并传输到数字孪生系统进行分析和建模。

2. 仿真建模

数字孪生的核心是建立物理实体的虚拟映射。仿真与建模技术用于描述实体的物理特性、行为规律和交互关系。它可以基于物理原理、数学模型和统计算法，构建精确的模型，以实现对实体的仿真、预测和优化。

3. 大数据分析和机器学习

引洮供水工程建设和运行期间会产生巨量的数据，大数据分析和机器学习技术会为数字孪生平台提供处理复杂数据的能力，从数据中学习和推断出系统的行为和性能，从而发现模式、提取特征和优化决策。

4. 边缘计算和云计算

大量实时的数据是数字孪生的基础，对这些数据的复杂计算和模拟需要高性能的计算资源。边缘计算和云计算技术提供了高性能的计算资源和存储能力，使得数字孪生系统可以在本地边缘设备或云平台上进行大规模的计算和分析。

5. 可视化和交互技术

数字孪生引洮供水工程的数据处理结果需以直观、清晰的方式展示给工程人员和管理者。可视化技术在此起到关键作用，它能将数字模型、仿真结果和原始数据转化为直观的图形或图像，同时允许用户通过交互方式进行深入分析。这种呈现方式不仅有助于用户更好地理解工程的运行状态，还能清晰把握各项参数的变化趋势，从而辅助工作人员做出更准确的决策。

6. 数据安全技术

数字孪生引洮供水工程中存在重要的不可扩散的水利数据，安全性和准确性是至关重要的，需要保证数据不被扩散以及不被随意修改。因此，数据加密、身份核验、权限控制、网络安全等数据安全技术尤为重要，可以保护数字孪生系统的数据和模型免受未经授权的访问和滥用。

（三）数字孪生的业务应用

业务应用是管理人员与数字孪生引洮供水工程的人机交互层，根据引洮供水工程的业务需求提供面向管理人员的各种业务应用。数字孪生引洮供水工程的业务应用包括工程管理监测系统、决策可视化系统、水资源"四预"系统。

1. 工程管理监测系统

工程管理监测系统是对工程建设和运行期间的安全问题进行检测、评估、预警，匹配工程安全数据库，对引洮供水工程的大坝、闸门、隧道、水库等设施的变形、渗流、应力应变进行持续监测，对安全风险提前预报，隐患事故提前处置。

2. 决策可视化系统

决策可视化系统是利用测绘结果、地理信息数据、感知数据和 VR 技术对引洮供水工程现实场景的数字场景展示，通过图层管理、地图标绘、图片输出、图表展示等常见的手段对引洮供水工程的模型计算结果和工程安全各项关键指标进行可视化输出，便于管理人员迅速了解情况，找到工程安全、水资源调度中的安全隐患，做方案评估。

3. 水资源"四预"系统

在数字孪生仿真平台的基础上，使用渠系退水水动力模型及仿真模拟模型，为供水过程中的仿真模拟提供细化、量化、动态、直观的计算分析，实现引洮供水水资源"四预"功能。水资源"四预"系统主要包括水资源预测预报、水资源预警、水资源预演、水资源预案和水资源监督管理等模块。

二、数字孪生技术在医学领域的应用

医学的进步与现代科技的发展密不可分，如今，数字孪生技术已在医疗领域得到应用，其中重点方向之一是将数字化技术与医疗机构相结合，以实现更高效、更准确、更个性化的医疗服务，即数字孪生医院。数字孪生医院作为数字医疗的重要组成部分，已成为当今医疗行业的一个热门话题。

数字孪生医院是一种新型的医院运营模式，它以数字孪生技术为核心，依据医院真实场景，模拟构建出一个完全虚拟的医院。通过建立患者或医疗系统的虚拟映射和实时连接，数字孪生医院能够提供更智能、精确和个性化的医疗服务，同时也有助于医疗工作者和医院管理者的工作开展。

（一）数字孪生医院的特征

数字孪生医院是利用数字仿真、物联网等现代智能技术建立的虚拟医院。首先，它可以做到可视化操作：通过模拟手术操作，为年轻医生积累手术经验，同时可视化操作能辅助管理人员进行医院规划。其次，能实现高效率地分配资源：通过优化资源的分配，为患者提供优质的医疗资源。再次，可监控患者健康状态，为患者提供可靠的监护保障。最后，提供方便的医疗服务，可方便患者就医，提升患者就医体验感。

1. 可视化操作技术

数字孪生医院的可视化操作，是指通过数字孪生技术按照医院真实场景搭建虚拟场景，将医院设备、医护人员配置、患者信息等具体情况在数字孪生医院中体现出来，涵盖医疗服务、医学教学、临床研究、医院运营等多方面，可使医护工作者、患者以及医院管理人员通过可视化操作获得便利。现代医学技术要求医生熟练掌握手术操作技能,而数字孪生医院的可视化操作能将手术场景转换为虚拟场景,可使医生通过虚拟场景进行手术操作,从而大大提高手术技能和效率。

随着数字孪生技术的不断发展和应用,其可视化操作将发挥越来越重要的作用。

2. 提高资源匹配效率

数字孪生医院可以分析医疗资源的配置和利用情况,提升医疗服务质量和效率,避免因配置不当而导致资源浪费、医疗服务效率低下等问题。

数字孪生技术可以近乎实时地跟踪医疗保健设备运营情况,选择最佳的资源分配方式,提高医疗机构运维效率,更有效地匹配供需,使医疗资源可以高效使用。建立基于数字孪生技术的医疗健康方向的云医疗平台,各地医疗机构通过将医疗资源上传至云医疗平台,利用平台为患者合理分配医疗资源,同时动态灵活地为医疗机构提供基础设施建设、区域合作、资源共享、故障预测等服务。数字孪生医院的建设是医疗行业智能化转型的重要组成部分,在数字孪生医院中高效匹配资源,可以有效地提高医疗质量和服务水平。因此,数字孪生医院应关注上述领域,以提升匹配资源应用的能力;只有正确地将人力、设备和药物等资源应用于每位患者,才能在全面提高医疗质量的同时,实现资源利用最大化。

3. 方便实时监控健康状况

数字孪生医院通过使用物联网、大数据等技术实时监控患者的健康状况,为其提供个性化的医疗服务,避免因未能及时处理病情变化而可能导致的医疗服务问题。

利用可穿戴监测技术来连续监测患者的生命体征,给每位患者在入院时分配一个可穿戴设备,这个设备会实时测量患者的心率、呼吸、体温和血压等生命体征,更有效地及早识别患者恶化的病情,从而减少入住重症加强护理病房(ICU)的可能。可穿戴设备可以方便、快捷地监测患者健康状况,所以应用可穿戴设备逐渐成为实施持续健康监测的重要组成部分。常用的可穿戴设备有手腕式、头戴式、贴片式等,可实现连续监测人体生物特征指标,及时发现还处于潜伏期的疾病并实施早期干预。

由于可穿戴设备具有和患者密切接触与及时反馈体征的特点,因此可穿戴设备十分适合糖尿病患者的管理与治疗。传统血糖仪获取指尖血样时的不便和痛苦会导致糖尿病患者自我监测依从性差,而可穿戴血糖监测设备可以改善这一点,同时准确性和安全性也可得到保障。

通过专用设备连接患者和康复技师,以保证康复技师可远程、实时地监控和指导患者进行康复训练,为患者提供精确的、个性化的康复治疗方案,在降低患者康复治疗费用的同时,为康复技术人员提供精准评估和监控患者的工具。

总之,实时监控健康状况是医疗保健行业的重大创新,它可为医疗行业提供更先进、智能的医疗保健方法,更有效地进行医疗服务和治疗,提高医疗服务的效率和质量,从而促进医疗行业的创新和发展。

4. 提供医疗服务更便捷

数字孪生医院可以提供诊断、治疗、预防、健康管理、教育等全方位的医疗服务，实现远程监控患者的治疗进展并评估他们的健康状况，让患者享受到高质量的远程医疗监护和医疗交互服务，在一定程度上可将现有的医疗资源最大化利用。传统的医疗流程由于医疗资源分布不均导致患者到医院排队挂号、等待诊断、拿药付款等环节所需的时间较长、就诊时间短以及就医流程繁杂且低效。数字孪生医院将这些流程都整合在一个平台上，患者可以随时随地通过电子设备连接数字孪生医院，进行挂号、预约、咨询、诊断、治疗、付款等，大大节省了人力和物力。

数字孪生医院作为数字化医疗服务的一种重要形式，提供了便利、高效的医疗服务，并且在发挥已有优势的同时，还不断完善和创新。因此，数字孪生医院拥有十分广阔的应用前景，并将会为人们的健康事业做出更大的贡献。

（二）数字孪生医院的展望

数字孪生技术已在医疗领域展开应用，数字孪生医院也已经进入了实际应用阶段。未来，随着数字孪生技术的不断发展和进步，可以预期将有更多的应用逐步展开。

1. 个性化、精细化、可持续化医疗

数字孪生医院可以实时监测患者的健康状况，为其提供更个性化、精细化、可持续化的医疗服务。数字孪生医院可以帮助医疗行业实现从"治疗疾病"转向"预防疾病"，让每个人都能获得高效且贴心的医疗服务。未来，数字孪生医院也将在个性化医疗领域不断发展。

① 基于数字孪生技术制定个性化诊疗方案将成为常态。数字孪生医院的核心是人体数字模型，通过分析这些模型判断患者病情，帮助医生制定精准的治疗方案。数字孪生技术还可以实时监测患者体征，根据患者情况适时调整治疗方案，从而确保治疗的不断优化。例如，可以利用口腔扫描等数字孪生技术将患者口内的全部牙齿以及一些黏膜组织等口腔内部情况，个性化、精准性地转化为虚拟模型，再通过三维打印（3DP）技术打印出患者的口内模型，便于后续个性化义齿的制作，同时也可以个性化地判定牙齿与面部的位置关系。

② 数字孪生医院将带动医疗服务向以预防为主的方向发展。可以在早期对患者进行诊断和预防疾病的发生，如预测问题是否会发生、何时发生，制定个性化的预防方案，为及早治疗疾病提供必要的时间，让患者在避免疾病发生的同时，享受更优质的医疗服务。这些步骤是加速向预防性、个性化医疗迈进的关键。

③ 数字孪生医院将推动医疗产业的数字化升级。未来，可以在每个人出生时创建个性化的数字孪生技术基因图谱，患病时应用数字孪生技术来计算用药，以确保选择最有效的药物以及精确的药物量，或是提前计算患病的可能性，在重

大疾病发病之前有效预防。

随着医疗产业不断数字化，应用数字孪生技术尝试新仪器、新技术或治疗方法，可以将人们患病的风险降至最低，医生制定的诊疗方案更加精准，医疗应用和技术也将得到更好的发展。总之，数字孪生医院将会在个性化医疗领域持续不断地发展演化，使得医疗服务的质量、效率和个性化程度不断提升，从而带给人们更加优质的健康服务。

2. 联合诊疗新模式

数字孪生医院可以以大中型医院为核心，再连接基层医院、社区健康服务中心、诊所等，将多家医疗机构的诊疗服务数据集成在一起，整合不同临床医生的意见，通过共享医疗资源、联合诊断和治疗等方式，提高医疗服务的覆盖范围、医学教育的水平和深度以及缓解患者看病难的现状，打造医院智慧运营的新模式。

数字孪生医院可以实现医疗数据的共享，使患者享受专家联合诊疗，有效缓解患者看病难的状况，从而改进医疗流程、提升患者体验以及节省运营成本，为医疗行业带来巨大的变革。

数字孪生医院可以帮助医生共享患者病历、影像资料、检验结果等，避免因信息不对称而造成诊疗误差。医院为将诊疗规范最大化，打通患者数据，搭建了数字孪生人体模型，此模型可以整合患者全身各部位的检查检验数据，为患者建立个性化、动态的人体档案。

数字孪生医院还可以与社区卫生服务中心等机构协作，结合患者的健康数字孪生数据，实时预测和优化患者流向各个医院的情况，实现对患者的健康管理以及医院之间的资源管理、运营数据共享。

总之，数字孪生医院将联合诊疗应用于多学科，为患者"量身定制"治疗方案，在联合诊疗领域发挥着越来越重要的作用。

3. 医疗智慧化的新机遇

通过人工智能、大数据、数字建模等技术，数字孪生医院可以搭建智能化数字医院场景，为患者提供更加精准的医疗服务，提高医疗运营管理效率、决策的准确性和科学性，打造医院智慧运营新模式。数字孪生医院的智慧化能实现多项智慧管理，除了可以使患者享受全过程智能化的优质医疗资源外，还可清晰地展示医院各楼层具体的能耗数据，使医院管理人员按照医院能耗管理制度来自动或人工调节公共设施的用水、用电等情况，从而达到节能减排的目的，提升了医院运营管理效率。还有研究提及数字孪生技术的医疗实践应用，如在心血管疾病领域，利用数字孪生技术模拟手术的设备反应或剂量效应来指示术中的医疗设备使用或药物治疗剂量，从而为患者选择一套合适的治疗方案，在一定程度上可实现精准治疗心脏病的愿景。

数字孪生医院的发展为医疗智慧化带来了新的机遇和挑战。未来，数字孪生医院需要在加强技术创新、完善服务体系等方面，不断提升医疗服务水平和智慧化水平，积极开展科技与临床的融合创新，为患者带来全新的高水平智能体验，提供更好的健康管理和医疗服务，推动医疗服务模式向个性化、全周期持续化转型，打造更加智能化的医疗系统和平台，加快实现个性化数据驱动的智慧健康医疗。

三、数字孪生技术在水利泵闸工程安全管理中的应用

泵闸工程作为水利工程的重要组成部分，在防洪调度、水资源配置、生态环境改善等方面发挥了重要作用。随着大数据、物联网和仿真技术的发展，泵闸工程运行管理信息化水平得到很大提升，但针对泵闸工程安全管理应用的研究大多停留在展示查询层面，一般仅分析实时监测数据，无法提前预测工程风险和设备故障，面对强风、暴雨等灾害天气，难以准确评估安全风险。因此需要深入分析泵闸工程运行机理，挖掘海量数据资源价值，对工程安全态势形成预测、预警、预演、预案、综合评估的能力，减少隐患和损失，使泵闸工程的运行管理更加高效、精准、科学，保证泵闸工程的防洪、调水运行安全。

在以智慧水利为核心的新时期要求下，水利部提出建设数字孪生水利工程，为赋能水利高质量发展开辟了新的道路。数字孪生水利工程以物理水利工程为单元、时空数据为底座、数学模型为核心、水利知识为驱动，对物理水利工程全要素和全过程进行数字映射、智能模拟、前瞻预演，与物理水利工程同步仿真运行、虚实交互、迭代优化。目前数字孪生技术在流域防洪、水库调度等方面取得了初步成果，但在泵闸工程运行管理方面应用较少。因此，基于智慧水利发展形势与存在问题，以泵闸工程为研究对象，以工程安全运行为业务方向，探索数字孪生泵闸工程的实施路径，并针对泵闸工程运行特点和管理需求，以数据底板和安全分析模型为应用支撑，提出安全管理业务应用场景，以期为泵闸工程高效准确、安全可靠运行提供指导与参考。

数字孪生技术基于新理论、新技术、新模式，以水利泵闸为切入点，研究数字孪生关键技术在泵闸安全运行业务上的应用模式。将泵闸运行管理业务与BIM＋GIS、可视化等技术充分融合，形成符合水利部要求且兼具水利泵闸特点的L3级数据底板，打破泵闸工程管理中传统的数据应用模式。利用安全分析模型和健康度评估算法进一步挖掘工程运行数据价值，为泵闸安全智能管理提供分析手段，在此基础上开展安全监测、"四预"、评估等业务应用。

（一）主要技术

1. 泵闸工程数据底板构建

数据底板是真实物体在虚拟世界的映射，除具备基本的几何外形、语义信息外，还包含内部的物理属性、场分布状态等。当对物理实体施加外界作用时，数字孪生体上能实时同步反应。泵闸工程数据底板构建技术通过融合不同类型的三维数据，运用BIM＋GIS技术将工程几何外观、基础信息、监测信息、业务信息

等以空间的形式进行组织，形成工程空间大数据模型。泵闸工程运行相关数据类型如下。

① 空间数据。空间数据包括 DEM（数字高程模型）、DOM（数字正射影像图）、倾斜摄影模型、BIM 等数据。针对泵闸工程进行 BIM 建模，建模对象涉及建（构）筑物、金属结构、水机设备、电气一次和电气二次设备等设施设备，对工程设备的最小模型单元构建编码，并通过编码挂接名称、位置、尺寸、型号等属性信息。针对泵闸工程影响区域进行倾斜摄影建模，建模对象包括上下游河道、两岸建筑物、周边环境等。泵闸工程类型多样，本研究以大型斜式轴伸泵、卷扬式直升闸门为例建立数据底板。

② 监测数据。监测数据是指通过各种监测感知手段获取的各类水利对象的状态属性，包括时序、图像、声音等工程安全运行相关数据。将监测数据与监测对象的几何构件进行关联，形成对应物理世界的监测感知时空模型。

③ 业务数据。业务数据是指在工程安全管理相关业务中产生的各类数据，包括值班管理、运行管理、检查观测、维修养护、巡察督察、应急管理等业务类数据。对于应用系统中生成、流转的业务数据，通过对接数据底板与应用系统获取；对于人工记录、处理的业务数据，需要导入数据底板进行统一管理。

2. 工程安全智能分析预测

泵闸的沉降、位移、应力应变、渗流、振动、温度等监测数据直接反映了其运行安全性，异常监测值通常意味着工程存在安全隐患，因此必须予以高度重视。在现有人工观测和自动监测的基础上，深入分析泵闸运行关键指标变化的内在机理、数理逻辑及其主要影响因素，进而构建泵闸安全分析模型，作为工程设备安全预测的补充手段。这一模型能够为调度决策和安全管理提供辅助参考，从而进一步提升泵闸的运行管理水平。

在建立分析模型之前，须先对原位监测数据进行异常值预处理，精准识别出不符合历史变化规律的异常数据，以排除其对模型构建的不利影响。随后，结合机理分析和数理统计方法，针对变形、渗流、振动、水位、流量等关键运行要素，构建科学的安全分析模型。各安全指标分析如下。

① 过闸流量。根据上下游水位、闸门开度等监测数据自动判别流态，选择对应的流量公式和系数，计算不同流态下的水闸过流能力。

② 站上、站下水位。以闸门开度、泵站开机台数、机组开度等运行工况，以及降雨量、相关水文站水位等环境因素为输入，建立神经网络模型，预测不同场景下的变化过程。

③ 闸室、启闭机房、闸门等结构变形。以结构所受外部荷载为输入，采用有限元分析方法对实时或预设工况下的应力应变进行计算。

④ 水泵振动和电机、开关柜、变压器等设备运行温度。分析功率、扬程、转速、叶片开度、电压、电流、环境温度等运行参数，建立运行参数与各振动量、工作温度之间的映射关系，对历史数据进行拟合，根据曲线走向及运行参数

的影响效应预判振动、温度指标变化趋势。

3. 工程设备健康度智能评估

工程设备健康度智能评估技术的核心是建立针对泵闸工程重要设施设备的综合健康评价体系，并遵循系统全面性、简明科学性、相对独立性、层次性、可操作性五个原则。综合健康评价体系涵盖建（构）筑物、金属结构、水机设备、电气设备等不同设施设备的评价对象和项目，评分方式分析如下：针对有监测数据的评价项目，通过阈值比较法和比率法计算各评价项目的健康度评分，并采用专家评分法进行修正，得到各评价项目的综合评分；针对没有监测数据或无法确定指标阈值的评价项目，采用专家评分法给出综合评分。基于模糊层次分析法（FAHP）与熵权法结合的方法，对评价对象中的多个评价项目进行重要程度的比较，得到评价对象中各评价项目的组合权重，采用加权平均算法逐级计算评价对象、单个和整体工程的综合评分。通过实时监测和定期运维等数据，可动态分析各评价项目及整个工程的健康度变化过程和发展趋势，判断泵闸工程运行安全状况与风险等级。

（二）业务应用研究

1. 安全监测

在数据底板的基础上，监测数据按照统一的场景时间轴与空间数据进行数据融合，将静态的数字孪生体扩展至时间＋空间的统一尺度。在三维可视化场景下，对工程结构渗流、沉降、位移、倾斜、裂缝等安全指标进行展示分析，对闸门应力、启闭状态、振动、开度，启闭机转速、运行噪声、荷载，配电柜现地柜的电压、电流、温湿度等设施设备安全指标，以及泵站机组运行扬程、流量、功率、效率、温度、振动量等设备状态参数进行监测与显示，并结合视频监控进行辅助管理。采用大场景和精细化小场景结合的方式，实现泵闸工程运行安全的全局监控。

2. 安全"四预"

针对泵闸工程安全运行需求，开发"四预"管理功能，在三维孪生场景的基础上，结合工程安全分析预测、设备健康度评估等技术，实现工程安全的预报、预警、预演、预案业务流程。

① 预报。安全预报主要分为故障预报和风险预报两种。机电设备如水泵、齿轮箱、电机的振动量和运行温度的故障预报，其故障的发生与演变往往是一个渐进的过程，这一过程常伴随着设备状态及性能指标的变化。故障预报依赖于设备历史运行所积累的海量数据资源，通过时序分析模型对设备运行参数、温度、振动量、电信号等数据进行深入分析，综合预判设备状态及各性能指标的变化趋势，从而实现设备潜在异常的洞察与研判。这种预报有助于提前做好预检准备，从而有效避免意外停机或设备损毁。

以设备振动异常为例，故障预报会利用时域波形、频谱分析等方法，对水泵和闸门等设备的振动和固有频率进行细致分析，从而提前发现潜在的共振隐患。一旦发现共振隐患，便可及时采取预防性的减振措施，防止共振对设备结构和性能造成损害。

风险预报主要针对闸门、闸墩、闸底板、翼墙、启闭机房等工程结构在灾害天气下的安全风险进行预报。基于上下游水位、降雨量、泄流量、风速等环境预报数据，结合工程调度方案，通过多元回归或有限元等模型计算沉降、位移、渗流、应力应变等安全指标变化趋势，综合分析工程结构滑移、倾覆、失稳概率，提早发现安全隐患与结构风险。

② 预警。对泵闸建（构）筑物、金属结构、水机设备、电气设备等关键部件运行指标，建立分级分类预警规则。将安全指标监测、预测数据与各阈值区间进行对比，当监测/预测值超过阈值则触发警报，根据警报信息进行故障诊断，将故障精准定位至设备模块及元件，分析故障类型、原因后提供初步解决方案。警报信息能按既定的流程通知运维人员处理，并通过视频监控、数据监测反馈警报处理过程和结果。

③ 预演。通过在孪生场景中设置不同环境或运行工况，对不同场景下的机电设备运行状态、工程结构变形渗流情况、泵闸运行经济效益进行模拟预演，为工程安全运行提供决策支持。模拟结果能在孪生场景中进行三维可视化动态展示，管理人员通过对比不同预演结果，综合考虑后制定应对预案。泵闸工程安全预演包括以下两种。

第一，调度预演。为满足泵闸经济和安全运行要求，可预设不同调度场景，自定义多种闸门开闭或机组开停组合方式，通过安全分析模型模拟不同调度方案下设备振动量、工作温度等安全指标变化过程，分析调度方案对工程安全的影响程度，对比选择最优方案。以上下游水位、闸门开度、机组运行参数和性能曲线为输入：一方面基于神经网络或水力学机理等模型推演不同工况下过闸流量、站下水位变化过程，评估调度指令完成情况；另一方面基于经济评价模型计算不同调度方案下的效率、成本及能耗，以效率最高、成本最低、能耗最少为目标，对比选择最优方案。

第二，场景预演。为应对台风、暴雨、洪水等特殊场景，需要预设不同水文、气象等环境组合，以模拟泵闸工程的安全态势，并提前制定应对预案，从而降低工程安全风险。可预设典型洪水、超标准洪水、风暴潮洪"四碰头"等特殊场景进行预演。在这些预演中，可基于安全分析模型计算不同场景下建（构）筑物的位移、沉降、渗流变化情况；也可利用有限元分析模型来模拟不同环境荷载下闸门、闸室、启闭机房的整体应力应变情况。

通过不同环境组合的推演，能够准确评估工程的安全隐患和风险概率，进而建立或优化适用于不同环境的可靠、可行的预案。这些预案不仅能为工程调度提供科学决策支持，还能在紧急情况下为快速响应和有效应对提供有力保障。

④ 预案。泵闸工程预案库包括调度运行、维护检修、应急疏散等安全预案，

支持预案的管理、查询、新增、修改、删除，并结合安全预演提供预案启停、模拟等状态切换功能。泵闸工程安全管理系统可根据实测工况，通过算法分析对预案进行优选，并提供方案比对功能，供用户做出最佳决策。

3. 安全评估

以工程监测、运维数据为输入，通过工程设备健康度智能评估技术分析工程不同对象、构件、设备的健康度情况，为设施设备的维护保养提供参考意见，为运行规划提供指导建议，有效均衡并延长设施设备的使用寿命和运行安全性。通过安全评估结果数据的不断累积，形成泵闸设施设备动态健康库，为设施设备全生命周期管理提供决策依据。

第三章
新时期云计算管理平台与开发技术

第一节　云计算管理平台的功能与特点

在信息技术迅猛发展的当下，数据中心作为互联网企业服务的核心枢纽，其战略地位日益凸显。数据中心的构成涵盖了计算设备、存储设备、网络设备以及必要的配套设施，它们协同工作，支撑着企业的信息处理和数据存储需求。面对快速增长的数据量和服务请求，传统数据中心的运营和管理面临着显著的挑战。这些挑战主要源自其有限的自动化水平，导致资源配置和管理工作过度依赖人工操作，这不仅束缚了资源的最大化利用，也制约了管理效率的提升。数据中心规模的扩张、设备数量的增加以及机房地理位置的分散性，进一步加剧了传统管理模式的不足。

为了应对这些挑战，数据中心的现代化转型迫在眉睫，其中云计算数据中心的构建成为关键的发展方向。云计算数据中心的设计着眼于实现快速、灵活且高度自动化的数据处理能力，以适应互联网时代对数据处理和存储的严苛要求。它们能够迅速提供可编程、可扩展的基础设施，满足多租户的需求，这在传统数据中心中是难以想象的。在这一转型过程中，云计算管理平台的开发变得尤为关键，它旨在自动化地配置、部署、监控和管理云计算数据中心的资源。

云计算管理平台利用先进的自动化技术，显著提升了数据中心资源的配置效率和管理质量。该平台能够根据实时需求动态分配资源，优化资源配置，确保数据中心的高效稳定运行。同时，云计算管理平台的监控功能为数据中心提供了实时的运行状态监测，能够及时发现并解决潜在的问题，从而增强了数据中心的可靠性，为企业的稳定运营提供了坚实的技术保障。云计算管理平台的灵活性和可扩展性，使得企业能够根据市场变化和业务需求，快速调整服务能力，保持竞争优势。

一、云计算管理平台的功能

云计算管理平台的功能主要涵盖两个方面：一是管理云资源，确保各项资源得到高效、合理的分配与使用；二是提供云服务，以满足用户多样化的需求，并通过不断提高服务质量和效率，提升用户满意度。

（一）云资源管理的功能

随着云计算技术的发展，企业级的云计算管理平台在数字化浪潮中占据越来越重要的地位[1]。

管理云资源是指将云计算管理平台部署在公有、私有或混合云计算管理平台上，通过一系列严谨的资源管理、权限管理、安全管理及计费管理机制，实现数据中心弹性资源池、云服务及整个云平台的运维管理，从而为用户提供优质可靠的云服务。云计算管理平台的最终目的是实现云资源管理的可控化、可视化和自动化。

1. 可控化

可控化在云计算管理平台的设计和运营中扮演着至关重要的角色。这一概念涵盖了对云服务提供流程的全面整合，包括服务的生命周期管理、资源池的动态配置以及相关技术的协同应用。通过这种整合，云计算管理平台能够确保所提供的云服务严格遵循与用户签订的服务等级协议，满足合约中规定的服务等级和响应效率，从而保障云服务的高可用性和业务连续性。

在可控化的实施过程中，云计算管理平台采用了先进的监控工具和深入的分析技术，对服务的运行状态进行实时的跟踪和评估。这些工具和技术能够快速地识别服务中的异常情况，并及时采取措施予以解决，从而有效预防了潜在的服务中断和系统故障，减少了这些事件对用户业务可能造成的不利影响。

可控化还包括了资源的动态分配和优化。云计算管理平台能够根据用户的实际需求和使用模式，自动调整资源的配置，以实现资源利用的最大化。这种自动化的资源管理不仅提高了资源的使用效率，也降低了运营成本，为用户提供了更加灵活和高效的服务体验。

2. 可视化

在云计算领域，云计算管理平台的可视化特性对于提升用户体验和操作便捷性具有显著作用。用户界面的设计注重直观性和易用性，使得用户能够轻松地提交服务请求、获取所需服务、评估服务品质以及申请服务支持。对于管理层而言，云计算管理平台同样提供了图形化的交互界面，使得管理人员能够有效地进行服务性能测试、服务状态跟踪、资源使用监控以及资源消耗统计。这些功能的

---

[1]　孙建刚，刘月灿，王怀宇，等．基于 PDCA 模型的云资源管理方法研究［J］．现代计算机，2022，28（24）：62．

实现，均通过图表的形式直观展现，极大地降低了管理云资源的技术难度和复杂性，使得非专业用户也能够轻松掌握云资源的管理。

3. 自动化

自动化是云计算管理平台的第三个关键特性，它允许平台根据用户的请求自动执行服务的开通、监控、处理、结算和扩展等操作。这种自动化的实现减少了管理人员的工作量，甚至在某些情况下，管理人员可以无须进行任何操作即可完成服务的供应。同时，由于管理过程的可视化，用户可以自主选择并获取所需的服务，实现了服务获取过程的自动化。

为了实现可控化、可视化和自动化这三个目标，企业或云服务提供商需要深入考虑其云平台的资源特性以及所提供服务的具体需求。基于这些考量，应部署一个既符合标准又具备开放性和可扩展性的云计算管理平台，以期达到资源利用的最大化和管理工作的最优化。

（二）提供云服务的功能

云计算管理平台通过对云平台资源的统一管理与整合，实现对云平台上的云服务提供保障和支撑。云计算管理平台对云服务的支撑包括管理支撑、业务支撑和运维支撑三个层次。

1. 管理支撑

管理支撑在云计算管理平台中发挥着核心作用，它涉及对企业内与云服务相关的人力、财务和工程等关键因素的综合管理。该功能的设计宗旨在于确保企业云服务的顺畅运行和高效维护。云计算管理平台通过提供定制化管理支撑方案，能够满足不同企业的特定需求，从而实现云服务的个性化管理。

在管理支撑的框架下，云计算管理平台能够为云服务用户提供全面的技术支撑，这包括但不限于服务的自动配置、实时监控、性能优化和故障排除等。通过这些技术支撑，用户能够更加灵活和便捷地管理其云服务，同时也显著降低了因人工干预而导致的管理成本。

云计算管理平台的管理支撑功能包括对企业内部流程的优化。通过自动化工具和算法，平台能够实现资源的科学分配、成本的有效控制以及工程实施的精确调度。这种自动化管理不仅提升了管理的效率，也确保了决策的科学性和合理性。

云计算管理平台的管理支撑体现在对企业云服务全生命周期的管理上。从服务的规划、部署到运行、维护，再到最终的退役，云计算管理平台提供连贯一致的管理策略，确保服务的每个阶段都能得到适当的关注和管理。

2. 业务支撑

业务支撑功能在云计算管理平台中发挥着核心作用，它直接关联到云服务市场的运作和用户的服务体验。云计算管理平台通过业务支撑系统，对用户数据和服务产品进行高效管理，确保服务的连续性和稳定性。在云服务的交付过程中，云服务等级协议扮演着至关重要的角色。云服务等级协议详细规定了服务的品质、水准和性能等关键要素，这些要素不仅定义了服务的标准，也与服务的定价机制紧密相关。

为了量化和评估云服务的性能，云计算管理平台的业务支撑系统采用了一系列关键性能指标，如响应时间、吞吐量和可用性等。这些指标为云服务的性能提供了可量化的度量，使得服务的优劣有了明确的评判标准。云计算管理平台能够根据云服务等级协议中规定的评价指标，生成详尽的服务等级报告，并提供给用户。这些报告使用户能够实时了解服务的运行状况，包括服务的响应速度、处理能力和系统的正常运行时间等，同时也能够清晰地了解服务的收费标准和计费模式。

3. 运维支撑

运维支撑在云计算管理平台中的作用至关重要，它主要聚焦于资源分配和业务运行的支撑，确保云服务能够快速开通并保持正常运行。在云服务的开通阶段，运维支撑涉及业务模板的选用、虚拟机及镜像文件的调用、服务请求的响应以及一对一部署等资源管理的关键环节。这些环节的有效管理对于实现服务的快速上线和高效运行至关重要。

服务开通后，云平台的运维支撑功能并未结束，它还需要提供全面的售后服务。这包括在业务需求变更时对资源进行重新配置、解答用户咨询的问题、处理服务费用的结算等。云计算管理平台通过其运维支撑系统，能够实现这些售后服务的自动化和标准化，提高服务的响应速度和质量。

进一步地，云计算管理平台的运维支撑功能还体现在对服务水平协议规定的性能指标进行监控，接收并分析用户的反馈信息，执行云服务的生命周期管理。平台还需监控和分析运维流程的执行状况，并对流程的各个环节进行模拟和测试，以确保流程的高效和准确。

为了维持云服务的高性能，云计算管理平台采用自调节机制，动态调整资源配置和服务策略，确保服务性能始终符合服务水平协议的标准。这种自调节能力为云服务的运维提供了强有力的保障，确保了服务的稳定性和可靠性。

二、云计算管理平台的特点

云计算管理平台的管理对象是云平台，管理内容包括对云平台中计算资源的调度、部署、监控、管理和运营等，其特点如下。

（一）数据的统一化管理

随着信息技术的持续进步，云计算数据中心在多个关键领域展现出其相对于传统数据中心的显著优势。这些优势主要体现在成本效益、功能性、部署速度和维护的便捷性上。这些因素共同推动了企业向云计算技术的转型，即"上云"。在这一转型过程中，混合云平台因其结合了私有云和公有云的优势，提供了灵活性和多样性，成为企业的首选。

云计算管理平台在这一转型过程中发挥着核心作用。它通过提供一个统一的界面和一致的管理策略，实现了不同云服务的整合管理。这种集中化的管理方法不仅简化了管理流程，而且显著提升了管理效率。云计算管理平台的自动化资源调配和工作流程功能，进一步降低了企业的管理成本，并提高了对用户需求的响应速度。

（二）数据的安全性管理

云计算管理平台的设计严格遵循等级性原则，确保了对云平台的管理既高效又安全。管理人员的操作权限被明确限定在云计算管理平台所授予的范围之内，这种权限控制机制有效避免了未授权操作的风险。对于云服务的最终用户而言，云计算管理平台提供的门户网站简化了云服务的购买流程，同时将云服务的复杂性和技术细节进行了封装，用户无须也无权访问服务背后的底层资源，这进一步增强了云平台的安全性。

在数据安全方面，云计算管理平台的等级管理特性同样起到了关键作用。通过实现多云管理，企业可以选择使用安全性更高的私有云平台来存储那些需要严格保密的文件，从而为敏感数据提供了额外的安全保障。

云计算管理平台还广泛应用了多种加密技术，无论是数据存储还是传输过程都得到了严格的加密保护。这些技术的应用极大地提升了数据的安全性，使用户在使用云桌面时能够获得与操作本地计算机相似的安全性体验。云桌面的操作权限管理也非常严格，任何复制、备份、打印或修改等操作都需要相应的授权。

在安全性方面，云计算管理平台通过精细的访问控制和安全策略的实施，增强了云服务的安全性。平台还提供对云服务使用情况的详细分析，帮助企业进行成本分析和资源优化，确保资源的高效利用。这些功能对于企业在云计算环境下保持竞争力和实现可持续发展至关重要。

（三）简化服务流程

云计算管理平台的设计旨在实现对用户请求的迅速响应，并通过其内建的自动化管理机制，为云服务的整个生命周期提供全面的支撑。该平台通过提供用户友好的自助服务门户，使用户能够自主发起服务请求，从而极大地简化了云服务的获取和使用流程。这种自助服务模式不仅提升了用户体验，也提高了服务的响应速度和灵活性。

在云服务的部署阶段，云计算管理平台利用自动化工具和流程，快速配置所需的资源，包括计算、存储和网络资源，确保服务能够迅速上线。服务运行期间，平台持续监控服务状态，通过实时数据分析，预测并自动调整资源分配，以满足服务需求的波动，保证服务的稳定性和性能。

（四）资源最大化利用

云计算管理平台的核心功能是对云资源进行高效管理。该平台并非直接管理云基础设施层的物理资源，而是专注于虚拟化技术所抽象出的资源池。这些资源池由通过虚拟化技术将底层硬件资源转换为可灵活分配的虚拟资源组成，从而提供了高度的可扩展性和弹性。

云计算管理平台通过精确的统计和划分机制，对资源池中的资源进行有效管理。它能够根据云服务提供商所提供的不同类型的云服务，对资源进行合理分配。平台还能够制定服务等级协议，这是确保服务质量和性能的关键因素。服务等级协议的制定涉及对服务的可用性、响应时间、数据保护等多个维度的明确规定，为云服务的持续优化提供了基准。

基于服务等级协议，云计算管理平台能够对云服务进行定价和计费，这一过程涉及对资源成本和预期收益的精确核算。通过这种方式，平台不仅能够确保资源的合理分配和高效利用，还能够为云服务提供商带来经济效益的最大化。计费策略的设计通常考虑了资源的使用量、使用频率以及服务质量等因素，以确保计费的公平性和透明性。

（五）降低维护成本

随着信息技术的快速发展，服务器运算架构已经成为提高计算效率和降低对前端设备依赖性的关键技术。通过在服务器端进行集中的运算处理，传统的前端设备，如个人电脑，不再需要承担繁重的计算任务，这不仅减轻了它们的负担，而且显著延长了使用寿命。这种架构还有助于减少对电脑桌面的硬件投资，从而降低了整体的互联网技术成本。

在互联网技术管理领域，集中维护的方法已经成为一种高效的服务模式。互联网技术工作人员能够通过统一的平台对桌面和应用程序进行管理，这种集中化的管理方式不仅能够根据用户的特定需求提供定制化的桌面解决方案，而且确保了服务的高效性、快速响应和安全性。这种模式提高了服务的灵活性和响应速度，同时也增强了数据的安全性。

奇观科技通过其创新的传输技术，开发出了一系列安全云解决方案，这些解决方案针对桌面服务进行了优化，提供了高度的针对性和即时性。用户可以在云端无缝地访问自己的桌面，而互联网技术管理人员则可以通过操作系统轻松地进行桌面管理，包括用户文件配置等任务，极大地提升了管理效率。

数据中心在虚拟云桌面的维护和管理中扮演着核心角色。通过数据中心，管理员可以统一地安装和升级所有桌面，这不仅提高了维护工作的效率，而且显著降低了成本。数据中心的集中管理还使得根据用户需求进行桌面更新变得更加迅速和灵活。

第二节 开源云计算系统与云计算数据中心

一、开源云计算系统

开源云计算被认为是互联网技术的发展趋势，全球已经有上百家大公司推出了各自的云计算系统。

（一）开源云计算系统结构与优点

Eucalyptus 系统作为云计算领域的一项重要开源实现，其设计初衷不仅在于模拟 Amazon EC2 的云服务功能，而且旨在为研究社区提供一个灵活的软件框架。该系统通过与 Amazon EC2 的商业服务接口实现兼容，展现了其在云计算服务领域的专业性和实用性。Eucalyptus 的设计理念在于其与众不同的基础设施即服务模式，它允许使用现有的资源作为系统部署的基础，这些资源包括但不限于计算集群或工作站群。

Eucalyptus 的架构由一系列可升级和更换的模块组成，这种模块化设计为计算机研究工作者提供了一个可更新、升级的云计算研究平台，从而促进了更多研究目标的实现。目前，Eucalyptus 系统已经可以下载并安装在多种集群和个人计算环境中，其开源特性使得它能够灵活地适应不同的研究和开发需求。

Eucalyptus 的主要功能在于为云计算研究和基础设施开发提供专业支撑，这一点在其与 Google、Amazon、Salesforce、3Tera 等云服务提供商的比较中显得尤为突出。Eucalyptus 专注于提供适用于学术研究的计算和存储基础设施，构建了一个模块化、开放性的研究和试验平台。该平台赋予了学术研究组织和个人用户运行和管控虚拟机实例的能力，这些虚拟机实例嵌入在各种虚拟物理资源之中。

Eucalyptus 的设计特色在于其模块化，这不仅为研究者提供了针对云计算的安全性、可扩展性、资源调度及接口实现的测试服务，而且极大地便利了研究组织开展云计算的研究探索。

1. Eucalyptus 的系统结构

Eucalyptus 系统的设计哲学强调了可扩展性与非侵入性，这两个原则构成了其架构的核心。该系统采用了简洁的架构模式和模块化的设计方法，从而为扩展提供了极大的便利性。Eucalyptus 的架构由多个基于 Web 服务的技术构成，这些服务以开源技术为基础，易于理解和维护。其内部组织结构清晰，便于开发者和系统管理员进行操作和管理。

在通信安全方面，Eucalyptus 采用了 WS-Security 策略，确保了数据传输的安全性。Eucalyptus 还整合了如 Apache Axis2 和 Rampart 等符合行业标准的软件包，这些软件包不仅增强了系统的功能性，也保证了其在行业中的兼容性和可靠性。

Eucalyptus 的非侵入性设计允许用户在现有基础设施上部署和运行该系统,
而无须对基础架构进行改动。用户只需确保 Eucalyptus 运行的节点能够通过与
Xen 兼容的虚拟化技术来执行和部署 Web 服务。这种设计考虑了现有 IT 环境中
设备的多样性和复杂性,允许 Eucalyptus 与现有的硬件和软件配置无缝集成,
无须进行更换或修改,从而降低了部署和维护的成本。

2. Eucalyptus 的优点

企业数据中心和基础硬件对 Eucalyptus 的限制较小,它通常运用混合云和
私有云来满足无特殊硬件需求的情况。借助 Eucalyptus 软件系统,用户能轻松
利用现行的 IT 基础架构,结合 Unix 和 Web Service 技术,构建符合其应用需求
的云计算管理平台。同时,Eucalyptus 支持广泛使用的 AWS 云接口,使私有云
和公有云通过通用编程接口实现信息数据的交流互动。虚拟化技术的飞速发展已
推动云环境存储和网络的安全虚拟化实现。

第一,通过 Eucalyptus 系统,服务器、网络及存储实现安全虚拟化,降低
了功能使用成本,提升了维护管理的便捷性,并增加了用户自助服务选项。

第二,不同用户类型,如管理工作者、研发工作者、管理者和托管用户等,
登录 Eucalyptus 系统时都会获得相应的使用界面。服务提供商借助虚拟化技术,
构建以消费定价为基础的运营平台。

第三,VM 和云快照两大功能的结合,显著提升了集群的可靠性、模板化和
自动化水平。这使得云的使用更为简单易懂,不仅减少了用户的操作学习时间,
还缩短了项目周期。

第四,Eucalyptus 充分利用现代虚拟化技术,兼容 Linux 操作系统及多种管
理程序。管理者和用户可凭借便捷的集群和可用性区域管理权限,根据项目需求
及不同用户的实际要求,构建匹配的逻辑服务器、存储和网络系统。

Eucalyptus 架构坚持源代码开放原则,积极吸纳国际开发社区的智慧。公有
云兼容接口项目作为 Eucalyptus 的独特竞争优势,虽尚处于快速发展阶段,但
其带来的革新潜力不容忽视。未来,用户将能够通过公有云兼容接口将私有云接
入公有云,实现信息数据的交互,从而开启公有与私有混合云的新模式。

（二）开源云计算管理平台的构成与类型

Python 是 OpenStack 的开发语言。OpenStack 的项目源代码通过 Apache 许
可证发布。为虚拟计算或存储服务的云提供操作平台或工具集,并协助其管理运
行,为公有云、私有云及大云、小云提供可拓展、便捷的云计算服务是 Open-
Stack 的主旨。它可以是一个社区、一个项目,也可以是一个开源程序。

构建一种可拓展性强、弹性大的云计算模式,以服务于大型公有云和小型私
有云,并进一步提高云计算的操作简易性和架构可扩展性,无疑是当今时代赋予
OpenStack 的使命。OpenStack 在云计算的软硬件结构中扮演着类似于操作系统

的关键作用。其核心功能在于聚合、整理底层的各项硬件资源，并通过构建 Web 界面控制面板，为系统管理员提供资源管理的便利。这种操作系统般的角色使得 OpenStack 能够有效地管理大规模的云基础设施，同时提供灵活性和可扩展性，以满足不同规模和需求的云计算环境。

在 OpenStack 的架构中，其模块化设计允许用户根据需要灵活地部署和配置各种服务，从而实现定制化的云计算解决方案。通过组建统一的管理接口，OpenStack 为开发者提供了便捷的方式接入应用程序，从而为终端用户提供了完备且易用的云计算服务。这种模式不仅降低了云计算的使用门槛，也促进了云计算技术的普及和应用。

1. OpenStack 的构成

① 计算服务 Nova。Nova 是 OpenStack 云计算架构控制器，OpenStack 云内实例的生命周期所需的所有活动由 Nova 处理。Nova 作为管理平台管理着 OpenStack 云里的计算资源、网络、授权和扩展需求。但是，Nova 不能提供本身的虚拟化功能，相反，它使用 Libvirt 的 API 来支持虚拟机管理程序交互。Nova 通过 Web 服务接口开放所有功能并兼容亚马逊 Web 服务的 EC2 接口。

② 对象存储服务 Swift。Swift 是 OpenStack 的关键组件之一，其提供了分布式的、最终一致的虚拟对象存储功能。通过采用分布式的穿过节点的架构，Swift 具备存储数十亿对象的能力，并且具备内置的冗余、容错管理、存档和流媒体功能，从而保障数据的安全性和可靠性。Swift 的高度可扩展性使其能够应对不同规模和容量的场景，无论是小型私有云还是大型公有云，都能够灵活地满足用户的存储需求。

③ 镜像服务 Glance。Glance 在 OpenStack 生态系统中扮演着重要的角色。Glance 提供了一个虚拟磁盘镜像的目录和存储仓库，用于存储和检索虚拟机镜像。这些镜像在云计算环境中被广泛应用于各种组件之中。

④ 身份认证服务 Keystone。Keystone 作为 OpenStack 的核心组件之一，为所有的 OpenStack 服务提供了身份验证和授权功能。Keystone 不仅提供了对用户、项目和角色的管理，还为特定 OpenStack 云服务的运行提供了目录服务。这种统一的身份认证和授权机制有助于提高云计算环境的安全性和管理效率，确保了系统的可信度和稳定性。

⑤ 网络服务 Neutron。Neutron 的发展经历了 Nova-Network→Quantum→Neutron 这 3 个阶段，从最初的只提供 IP 地址管理、网络管理和安全管理功能发展到现在可以提供多租户隔离、2 层代理支持、3 层转发、负载均衡、隧道支持等功能。Neutron 提供了一个灵活的框架，通过配置，无论是开源还是商业软件都可以被用来实现这些功能。

⑥ 块存储服务 Cinder。Cinder 为虚拟化的用户机提供持久化的块存储服务。该组件项目的很多代码最初是来自 Nova 之中。Cinder 是 Folsom 版本 OpenStack 中加入的一个全新的项目。

⑦ 控制面板 Horizon。Horizon 为 OpenStack 的所有服务提供一个模块化的基于 Web 的用户界面。使用这个 Web 图形界面，可以完成云计算管理平台上的大多数操作，如启动用户机、分配 IP 地址、设置访问控制权限等。

⑧ 计量服务 Ceilometer。Ceilometer 用于对用户实际使用资源进行细粒度的度量，可以为计费系统提供非常详细的资源监控数据（包括 CPU、内存、网络、磁盘等）。

⑨ 编排服务 Heat。Heat 使用 Amazon 的 AWS 云格式模板来编排和描述 OpenStack 中的各种资源（包括用户机、动态 IP、存储卷等），它提供了一套 OpenStack 固有的 RESTful 的 API，以及一套与 AWS CloudFormation 兼容的查询 API。

⑩ Hadoop 集群服务 Sahara。随着版本的不断演进，Sahara 已经不仅仅是一个 Hadoop 部署工具，还提供了分析及服务层面的大数据业务应用能力。Sahara 突破了单一的 Hadoop 部署范畴，可以独立部署 Spark 和 Storm 集群，以更加便捷地处理流数据。这一系列的功能和特性使得 Sahara 成为了处理大数据任务时的关键工具之一，在云计算环境中发挥着重要作用。

⑪ 裸金属服务 Ironic。Ironic 是 OpenStack 的另一个重要组件，旨在进行裸机的部署和安装。裸机是指没有配置操作系统的计算机，而 Ironic 项目的功能则在于对指定的裸机执行一系列的操作，包括硬盘 RAID、分区和格式化、安装操作系统和驱动程序，以及安装应用程序等。通过 Ironic，用户可以方便地对裸机进行管理和配置，从而实现裸机资源的高效利用和部署。

⑫ 数据库服务 Trove。Trove 是 OpenStack 的数据服务组件，其主要功能在于允许用户对关系型数据库进行管理。Trove 能够实现 MySQL 实例的异步复制，并提供 PostgreSQL 数据库的实例。作为一个开放式的数据库服务，Trove 为用户提供了强大的管理功能，使得用户可以轻松地管理和配置数据库实例，从而满足不同的业务需求和场景。

2. OpenStack 的类型

OpenStack 作为 IaaS 层的云操作系统，主要管理计算、存储和网络三大类资源。

① 计算资源管理。由于 OpenStack 具有虚拟机的经营管理权限，企业或服务提供商可以按照需求向其提供计算资源。凭借 API，研发人员可以访问计算资源，筹建云应用。管理人员和用户可以借助 Web 访问计算资源。

② 存储资源管理。云服务或云应用可以从 OpenStack 获取服务对象和块存储资源。目前部分系统受功能和价格限制，无法满足传统企业级存储技术诉求。依据用户需求，OpenStack 能够提供对应的配置对象或块存储服务。

③ 网络资源管理。当前数据中心具有服务器、网络设备、存储设备、安全设备等大量设备及众多虚拟设备或虚拟网络，使 IP 地址、路由配置、安全规则等数量激增。OpenStack 具有的插件式、可扩展、API 驱动型网络及 IP 管理功

能很好地解决了以上难题。

二、云计算数据中心

云计算数据中心是一种基于云计算架构，计算、存储及网络资源松耦合，完全虚拟化各种 IT 设备、模块化程度较高、自动化程度较高、具备较高绿色节能程度的新型数据中心。

（一）云计算数据中心的特点及构成要素

1. 云计算数据中心的特点

① 快速扩展按需调拨。云计算数据中心应能够实现资源的按需扩展。在云计算数据中心，所有的服务器、存储设备、网络均可通过虚拟化技术形成虚拟共享资源池。根据已确定的业务应用需求和服务级别并通过监控服务质量，实现动态配置、订购、供应、调整虚拟资源，实现虚拟资源供应的自动化，获得基础设施资源利用的快速扩展和按需调拨能力。

② 自动化远程管理。自动化远程管理是云计算数据中心的重要特征之一，其全天候的远程管理能力主要依赖于自动化运营机制。云计算数据中心能够自动检测设备的运行状态，并在硬件出现故障时自动进行维修；还能够有效管理统一服务器应用端以及存储等过程，通过远程控制的方式对数据中心的门禁系统、温度系统、通风系统以及电力系统进行全面管理。这种自动化远程管理不仅提高了数据中心的运行效率和可靠性，还降低了维护成本，为用户提供了更加稳定和可靠的服务。

③ 模块化设计。模块化设计在规模较大的云计算数据中心中得到广泛应用。其最大优点在于能够实现数据的快速部署，进行较大范围的服务拓展，并且能够提升数据利用率，灵活地进行数据移动，从而降低成本。相比之下，传统数据中心建设时间更长，投入的成本更大，而且对资源的消耗过高。通过模块化设计，云计算数据中心能够更加高效地利用资源，提升运营效率，满足不断增长的业务需求。

④ 绿色低碳运营。随着云计算的快速发展，数据中心的能耗不断增加，为了降低能源消耗和环境负担，云计算数据中心通过先进的供电和散热技术，实现供电、散热和计算资源的无缝集成和管理，从而降低运营维护成本，实现低 PUE 值的绿色低碳运营。这种绿色低碳的运营模式既满足了环保需求，又提高了数据中心的能效和竞争力，为可持续发展打下了坚实的基础。

2. 云计算数据中心的构成要素

① 虚拟化存储程度。云计算数据中心通过对服务器网络及存储等方面的虚拟化，能够使用户以更加灵活的方式获取资源。这种虚拟化技术不仅使得资源的分配更加高效和灵活，还为用户提供了极大的便利，使得他们能够根据实际需求动态获取所需资源，从而提升了整体的用户体验和满意度。

② 网络资源、存储与计算等方面的松耦合程度。用户无须受限于运营商提供的固定套餐，而是可以根据自身需求自由选择任意资源，这种灵活性大大增强了用户对服务的控制权和自主性。这种松耦合的设计使得用户能够更加精准地配置和管理所需资源，从而实现了资源的最优分配和利用。

③ 模块化程度。在云计算数据中心中，模块化程度得到了极大的提升。通过在软件、硬件和机房等区域实现模块化处理，数据中心的各个部分能够独立升级和维护，从而提高了整体的运行效率和可靠性。这种模块化的设计不仅降低了维护成本，还为数据中心的持续发展和升级提供了更加灵活和可持续的支持。

④ 自动化管理程度。云计算数据中心的机房能够实现对相关服务器的自动管理，包括自动监控、自动配置和自动维护等功能，同时能够自动对用户使用的服务进行计费，大大减少了人工干预，提高了管理效率。

⑤ 绿色节能程度。真正的云计算数据中心在设计和运营过程中均符合绿色节能标准，通过采用高效节能的设备和技术，使得数据中心总设备能耗与互联网技术设备能耗的比值通常不超过 1.5，有助于实现可持续发展。云计算数据中心借助分布式计算机系统，在此基础上使用互联网、通信网络加强自身的传输能力。云计算数据中心除了为用户提供虚拟形式的资源之外，也会提供公共信息。大规模的云计算数据中心最重要的任务是对分布式计算机进行集中管理，实现资源的虚拟化、数据的自动化。大型云计算数据中心会根据用户提出的资源需求为用户提供互联网技术资源，并且动态地调配资源，始终让负载处于平衡状态。云计算数据中心管理员可以部署软件、控制平台安全，还可以管理数据。总的来看，云计算数据中心与数据管理作为辅助为用户提供全面的信息服务。

云计算数据中心所采用的服务模式极大地便利了用户。用户无须关心资源调度问题，无须考虑实际的存储容量，也无须了解数据存储的具体位置，更无须担忧系统安全性。用户仅需按所使用的服务付费即可。云计算数据中心最显著的优势在于其能够根据用户需求灵活拓展和调节软件及硬件能力，从而使用户能够获取更大的数据存储空间，并享受近乎无限的数据计算能力。

（二）云计算数据中心的主要技术

1. 动态调配与弹性伸缩

① 动态调配。动态调配的核心概念是根据用户提出的需求，自动处理计算资源，并进行自动分配和管理。这种机制能够保证计算资源得到最优化的利用，从而提高了整体的资源利用效率和性能。动态调配也大大方便了使用者，因为他们无须手动进行相关的资源调配和管理操作，而是能够依靠自动化的系统来完成这一任务。这种自动化的调配机制不仅提升了用户体验，还能够减少人为的错误和延迟，使得云计算环境更加高效、灵活和可靠。

② 弹性伸缩。弹性伸缩是根据用户的业务需求和策略，自动调整弹性计算资源的管理服务。弹性伸缩不仅适合业务量不断波动的应用程序，同时也适合业

务量稳定的应用程序。理解弹性伸缩时可以考虑两个方面：首先，纵向方向的伸缩，是指将资源加入一个逻辑单元当中，以此来提升处理能力；其次，横向方向的伸缩，是指加大逻辑单元资源数量，并且将所有的资源整合在相同单元内。

2. 数据存储、处理和访问

分布式海量数据存储系统包括的子系统有两个：一个是处理结构化数据使用的分布式数据库；另一个是处理非结构化数据使用的分布式文件存储系统。此外，还会加入一些和产品存储数据金融有关的工具。工具的加入可以保证数据实现存储、复制、粘贴以及迁移。

3. 数据传输交换与事件处理

数据传输交换与事件处理系统不仅依赖于高效的组播协议和 TCP/IP 协议来提升数据传输的速度和可靠性，还能够整合其他通信协议的优势，以实现更加全面和优化的数据交换机制。通过精心设计，该系统能够有效地管理和控制数据中心内不同组件之间的数据交流、共享和沟通，确保数据交换过程的安全性和可靠性。在系统设计时，采用多样化的数据连接方式是至关重要的，包括但不限于点对点和点对多的连接模式，以适应不同的数据传输需求和场景。

4. 智能管理监控

在自动化管理领域，智能管理监控系统与事件驱动机制的协同作用，对于提升大规模计算机集群的管理效率具有显著意义。该系统不仅能够自动化地部署服务器上的软件，还能对软件进行定期的升级、优化配置以及管理，以适应不断变化的运行环境和用户需求。智能管理监控系统具备对环境变化、用户需求波动以及其他异常情况的监控能力，能够及时做出响应。

智能管理监控系统的核心优势在于其对资源的动态调配能力。系统能够根据实时监测到的用户需求，自动调整和优化资源分配，确保各项服务的高效运行。这种基于事件驱动的自动化管理不仅减少了人为干预，也提高了系统的响应速度和处理能力。在不同硬件和软件平台之间，智能管理监控系统实现了数据资源的无缝整合和实时传输，为构建一个高效、稳定且可靠的计算机集群管理环境提供了强有力的支持。通过这种方式，智能管理监控系统展现了其在数据资源自动化管理方面的先进性，为实现复杂系统的智能化管理提供了有效的解决方案。

5. 并行计算框架

并行计算框架需要依托大规模服务器集群作为基本前提，在此基础上去设计完整的、整体化的网格计算框架。网格计算框架的形成可以保证不同节点之间协同开展工作。借助于网格计算框架，IT 基础设施可以由分散状态变成整合状态，云计算数据中心也能展现出更强的计算能力、数据处理能力。

系统可以按照任务提出的要求分析相关数据，自主展开计算，自主进行复杂工作的处理。

6. 多租赁和按需计费

多租赁是指通过服务等级协议手段对系统性能、系统安全性进行自主设定，以满足用户提出的实际业务需求。通过自主设定，系统能够有针对性地提供资源。从用户的角度而言，他们可以根据自己的使用目的获得多样化的针对性服务。

根据需求计费则是指监控管理机制能够追踪用户的操作信息及其对资源的利用情况，系统据此进行费用计算。这一机制有助于用户更加精确地掌握自己的资源使用情况，从而节约建设和运维成本。

（三）云计算数据中心的实施阶段

云计算数据中心真正实施之前，必须仔细评估，从整体角度做规划，确定云计算数据中心要使用的管理模式，整体考虑数据中心未来的运营方向。只有这样，云计算数据中心才能真正发挥自身的作用。综合分析云计算数据中心用户提出的需求并且考虑具体的实施经验之后，可以对云计算数据中心的具体实施进行阶段划分。可以将其划分成以下阶段。

1. 规划阶段

在规划阶段，设计者需将云计算数据中心的建设视为一项战略任务，进行全面的分析和规划。这包括明确云计算数据中心的建设目标、主要工作内容以及承担的具体业务。通过这样的宏观视角，可以确保云计算数据中心的发展方向与组织的整体战略相匹配，为后续的实施打下坚实的基础。

2. 准备阶段

在准备阶段，设计者需对特定行业的特性进行深入的考量，并开展详尽的用户需求调研。基于调研结果，设计者应评估云计算管理平台的能力，并据此设计出既科学又合理的技术架构。对于系统在迁移和拓展过程中的操作性，也需进行细致的分析，以确保系统的稳定性和未来的发展潜能。

3. 实施阶段

在实施阶段，云计算数据中心的构建以资源虚拟化为核心。通过构建虚拟化平台，可以更加高效地响应用户的服务需求，同时确保服务的安全性、稳定性、有效性和灵活性。虚拟化技术为云计算数据中心提供了强大的资源管理和优化能力，是实现云计算服务优势的关键技术之一。

4. 应用和管理阶段

云计算本身就是开放的，所以云计算管理平台也应该有更大的兼容性。云计算的基础架构应该稳定发挥核心支撑作用，在引入其他应用的过程中，除了要兼容应用本身之外，云计算数据中心还应该满足其他的新要求。而且云计算管理平台属于闭环平台，因此必须持续注重平台的创新。

在建立新一代云计算基础设施的过程中，应该把云计算数据中心建设所追求的高效率、低成本、灵活服务当成建设目标，然后分阶段分步骤地建设。在科学技术不断升级的过程中，云计算数据中心使用的架构也需要跟随时代发展做出调整和完善。

5. 深化阶段

平台架构构建完成后，需要进一步对资源调度和分配进行自动化处理。在这一阶段，需全面深入地开展管理工作，并优化自助服务流程，以提升用户体验和系统效率。

第三节　云计算管理平台的应用实践

随着计算机和网络技术的不断发展，企业的管理模式也逐渐从传统模式向信息化手段转变。信息系统可以看作企业管理的工具，而服务器、网络基础设施等则作为信息系统的物理载体存在，其对数据的处理速度、利用率等则成为衡量的标准。传统的服务器部署模式已渐渐无法满足企业业务的需求，云计算管理平台应运而生，逐渐替代传统方式成为主流❶。

一、阿里云计算管理平台

（一）阿里云的认知

在云计算与数据战略的驱动下，阿里巴巴确立了自主研发大规模分布式计算操作系统的方针，并成立了专门负责云计算系统研发、维护与业务推广的子公司。该子公司的成立标志着该公司在云计算领域的深入布局，旨在通过技术创新提升企业的核心竞争力。

随着时间的推移，该子公司已经发展成为国内领先的云服务提供商，不仅为外部用户提供服务，还为母公司旗下的多个业务板块，包括金融服务、电子商务等，提供关键的数据存储、运算及安全防御服务。该公司的云服务在全球多个地区设有数据中心，构建了具有国际竞争力的产品体系。

在技术发展的过程中，该公司不仅积极吸收和融合了多种开源技术框架，如Hadoop、Spark、OpenStack等，以增强其云计算管理平台的技术实力和灵活性，而且还基于这些开源技术进行自主研发，创造出更加符合市场需求的云计算产品。通过这种结合外部资源与内部创新的策略，该公司的云计算操作系统在功能、性能和稳定性方面均达到了业界领先水平，为用户提供了高效、可靠的云服务解决方案。

（二）阿里云的计算服务

阿里云提供的弹性计算服务（ECS），支持大规模分布式计算，通过虚拟化技术整合IT资源，并提供自主管理、数据安全保障、自动故障修复和抵御网络攻击等高级功能。

---

❶ 吉朝辉，李中亮．虚拟云计算在企业中的应用探讨［J］．石油化工建设，2021，43（S2）：156.

ECS 提供的基本功能如下。

第一，镜像管理。支持 Windows 及 Linux 等操作系统。

第二，远程操作。创建、启动、关闭、释放、修改配置、重置硬盘、管理主机名和密码、监控等。

第三，快照管理。创建、取消、删除、回滚、挂载。

第四，网络管理。管理公网 IP、IP 网段，设置 DNS 别名。

第五，安全管理。设置安全组、自定义防火墙、DDoS 攻击检测。

二、Google 云计算管理平台

（一）对 Google 的认知

Google 几乎所有著名的网络业务均基于其自行研发、设计、构建的云计算管理平台。Google 利用其庞大的云计算能力为搜索引擎、Google 地图、Gmail、社交网络等业务提供高效支持。

Google 很早就着手考虑海量数据存储和大规模计算问题，而这些技术在几年之后才被命名为 Google 云计算技术。时至今日，Google 的云计算管理平台不仅支撑着本公司的各种业务，还通过开源、共享等方式影响着全球的云计算发展进程。

Google 的云计算技术一开始主要针对 Google 特定的网络应用程序而定制开发。针对数据规模超大的特点，Google 提出了一整套基于分布式集群的基础架构，利用软件来处理集群中经常发生的节点失效问题。

Google 发表了一系列云计算方向的论文，揭示其独特的分布式数据处理方法，向外界展示其研发并得到有效验证的云计算核心技术。Google 使用的云计算基础架构模式包括三个相互独立又紧密结合在一起的系统，包括文件系统 GFS、分布式数据库 BigTable，以及计算模式 MapReduce。

1. 文件系统 GFS

GFS 是为了适应 Google 在数据存储和处理方面的独特需求而特别设计的，它不仅继承了传统分布式文件系统的核心目标，即追求高性能、良好的可伸缩性、数据的高可靠性以及系统的高可用性，而且在设计上充分考虑了 Google 特有的应用负载和技术环境，从而形成了一套与其业务模式相匹配的文件系统架构。

GFS 的设计哲学在于其对数据存储和访问模式的优化。它针对 Google 的大规模数据密集型应用进行了特别的优化，如它优化了写入操作的效率，并且采用了数据块的概念来提高数据的存取速度。GFS 还采用了冗余存储的策略，以此来保障数据的可靠性，即使在系统节点出现故障的情况下，也能够保证数据的完整性和可用性。

2. 分布式数据库 BigTable

BigTable 作为一个分布式的结构化数据库系统，被设计用于高效地处理和存储大规模数据集。该系统特别适用于处理分布在大量普通服务器上的 PB 级别的数据，能够满足不同应用场景对于数据存储和访问的多样化需求。在实际应用中，BigTable 已经成功地为多个重要项目提供了数据存储解决方案，包括但不限于搜索引擎索引、地理信息服务以及金融服务等。这些应用对数据库系统在数据量和响应速度方面的要求各不相同，展现了显著的需求多样性。

BigTable 的设计哲学在于其对数据存储和访问模式的深入理解，以及对分布式系统原理的创新应用。它不仅为大规模数据处理提供了一种有效的解决方案，也为数据库技术的发展提供了新的思路。BigTable 的成功实施，展示了分布式数据库系统在处理海量数据方面的巨大潜力。

3. 计算模式 MapReduce

MapReduce 编程模型是一种处理大数据集的计算模式。用户通过 Map 函数处理每一个键值（key/value）对，从而产生中间的键值对集；然后指定一个 Reduce 函数合并所有的具有相同的 key 的 value 值，以这种方式编写的程序能自动在大规模的普通机器上实现并行化。当程序运行的时候，系统的任务包括分割输入数据、在集群上调度任务、进行容错处理、管理机器之间必要的通信，这样就可以让那些没有分布式并行处理系统研发经验的程序员高效地利用分布式系统的海量资源。

（二）Google 云计算管理平台的应用

Google 在其云计算基础设施之上构建了一系列新型网络应用程序。这些应用程序由于采用了 Web2.0 技术的异步网络数据传输机制，为用户带来了全新的界面体验，并显著增强了多用户交互能力。其中，Google Docs 作为典型的 Google 云计算应用程序，旨在与 Microsoft Office 软件进行竞争。Google Docs 是一个基于 Web 的文档处理工具，其编辑界面与 Microsoft Office 相似，同时提供了一套简洁易用的文档权限管理功能，并记录了所有用户对文档的修改历史。这些特性使得 Google Docs 非常适合于网上共享与协作编辑文档，甚至能够用于监控责任明确、目标清晰的项目进度。

目前，Google Docs 已经推出了包括文档编辑、电子表格、幻灯片演示、日程管理等多个功能的编辑模块，能够作为 Microsoft Office 的有效替代方案。值得一提的是，通过云计算方式实现的应用程序非常适合多用户共享和协同编辑，极大地便利了团队成员的共同创作。

Google 无疑是云计算领域的重要实践者，其云计算管理平台主要服务于自有的业务系统，并通过提供有限的 API 来向第三方开放。这些接口包括 GWT（Google Web Toolkit）及 Google Map API 等。Google 还公开了其内部集群计算环境的一部分技术细节，使全球的技术开发人员能够依据这些文档构建开源的大规模数据处理云计算基础设施。其中，Apache 基金会的 Hadoop 项目便是一个备受瞩目的成功案例。

三、Microsoft 云计算管理平台

（一）Microsoft 的认知

Microsoft Azure 是 Microsoft 设计并构建的开放式大规模云计算管理平台，其主要目标是为开发者提供一个 PaaS 平台，帮助开发可运行在云服务器、数据中心、Web 和 PC 上的跨平台应用程序。云计算的开发者能使用 Microsoft 全球数据中心的存储能力、计算能力和网络基础服务。Azure 服务平台包括 Windows Azure、SQL Azure 以及 Windows Azure AppFabric 等主要组件。

Azure 是一种灵活的、支持互操作的平台，可以用来创建云中运行的应用或者通过基于云的特性来加强现有应用。Windows Azure 以云计算技术为核心，提供"软件＋服务"的计算方法，它是 Azure 服务平台的基础。

（二）Microsoft Azure 云计算管理平台服务组件

Windows Azure AppFabric 包含了服务总线或访问控制等模块。而 Windows Azure 是面向 Web 应用的操作系统平台，SQL Azure 是基于云计算的综合数据库。Azure 服务平台各个组成部分如下。

1. Windows Azure AppFabric

Windows Azure AppFabric 不仅促进了现有应用程序的集成和互操作性，还特别适用于混合云解决方案的场景。该中间件由多个不同的组件构成，它们各具特色，共同为云应用程序提供了强大的支持。

① AppFabric 服务总线提供了一种可靠的消息传递机制，允许云端服务之间进行有效的发现和通信。这种机制对于确保分布式系统各部分之间的协调运行至关重要。访问控制允许开发者根据用户在不同网站上的凭证（例如 Facebook、Google、Yahoo 和 Windows Live）以及企业级的身份验证机制（如活动目录）来实现用户验证。这种灵活的验证方式为应用程序提供了更广泛的访问控制选项，增强了应用程序的安全性和用户管理能力。

② 现有的 BizTalk Server 任务可以被集成到 Windows Azure 中，这表明 AppFabric 支持将传统的中间件功能迁移到云环境中，从而提高了企业的 IT 资产的灵活性和可扩展性。

③ 组合式应用程序的部署得到了支持，这允许基于 Windows Communication Foundation 和 Workflow Foundation 的分布式系统在云中实现。这种支持为构建复杂的企业级应用程序提供了强有力的基础。

2. Windows Azure

Windows Azure 为用户提供了构建和运行云应用程序的全面解决方案。该

平台的架构分为计算、存储和内容分发网络等多个关键组成部分，旨在提供灵活、可扩展的云服务。

① 在计算方面，Windows Azure Compute 通过其 Web 角色、工作者角色和虚拟机角色，为开发人员提供了构建云应用程序的多样化选项。Web 角色专为构建基于云的 Web 应用程序设计，而工作者角色则针对后台处理等计算密集型任务进行了优化。虚拟机角色允许用户将自定义的服务器影像上传至云端，从而在云环境中运行现有的服务器应用程序。

② 存储服务作为 Windows Azure 的另一核心组件，由表存储器、Blob 存储器和消息队列三个部分组成。表存储器适用于存储非结构化数据，而 Blob 存储器则专门用于存储大型二进制文件。消息队列则为分布式应用程序的组件间通信提供了有效的机制。

③ Windows Azure 虚拟网络通过 Windows Azure Connect 子产品，实现了云环境与企业内部数据中心之间的直接 IP 连接，从而增强了现有系统与云平台之间的互操作性。Windows Azure Connect 的活动目录集成功能，进一步允许用户在云解决方案中应用现有的权限管理策略。

④ Windows Azure Marketplace 为开发者和提供商提供了一个在线销售其产品的平台，同时其数据集市功能允许公司购买和销售广泛的原始数据，进一步促进了数据的流通和利用。

第四节　云计算开发技术与软件开发

一、云计算开发技术

（一）云计算的开发

1. 云计算的开发标准

① 按需提供计算资源。在需求低时释放资源，在需求高时增加资源。

② 动态增减硬件设备。根据实际情况动态增减硬件设备，避免一次性投入。

③ 应用服务弹性计算。负载高时提供多样化标准化应用，负载低时释放计算资源，减少资源使用量。

④ 计算资源定制化服务。用户能够以定制的方式使用计算资源。

⑤ 计量服务。以计量的方式使用云平台中的计算资源，统一有效地管理产品运行过程中的各种成本。

⑥ 可定制的应用程序。用户可以通过配置完备的应用程序模板，快速定制所需的应用程序，并整合成产品解决方案。

⑦ 提供量化的可视化监控报表。根据系统对计算资源的使用量和系统的总运行时间进行查询，提供量化的可视化监控报表。

2. 云计算的开发目标

① 支持 PB 级数据存储，保障访问高速、安全。

② 完善的容灾备份机制。

③ 提供完整的故障预警和处理机制。

④ 提供弹性计算、自动扩充存储空间功能。

⑤ 提供数据挖掘、数据分析和数据展现工具。

⑥ 部署内容分发网络。

3. 云计算的开发原则

① 标准化。在设备选型时，需前瞻性地考虑信息产业化的发展趋势，选择能够支持当前及未来云服务相关标准的设备。这涉及对业界公认的云服务标准和可能涌现的新技术标准的深入理解和适应能力。此外，所选设备应具备良好的可扩展性，以适应不断变化的技术需求和业务增长。

② 高可用。为了保障业务的连续性和系统的高可用性，云平台的设计应遵循双备份原则，消除单点故障的风险。关键设备应能够实现快速故障切换，而双路冗余连接则为物理链路提供了额外的可靠性。这种设计策略有助于确保服务即使在部分组件发生故障时也能持续运行，从而增强了整个系统的鲁棒性。

③ 虚拟化。虚拟化技术作为云服务建设的核心，对于提升资源的利用效率和管理效率具有显著作用。通过构建服务器和存储的虚拟资源池，可以实现资源的动态分配和优化配置。同时，网络设备的虚拟化也是提升云服务灵活性和可扩展性的重要措施。

④ 高性能。云服务流量模式的转变要求系统具备更高的处理能力和吞吐能力，以应对突发流量。

⑤ 绿色节能。除了低能耗之外，系统热量对空调散热系统的影响也应被重点考虑。应采用各种方式使系统功耗降低，应用的网络设备尽可能绿色、低功耗。

（二）云计算的选型规范与因素

1. 云计算的选型规范

云计算技术的稳定性和成熟度在当前互联网领域中直接影响着服务的维护、可用性和管理能力等方面，因此在技术选型时需要遵循以下规范。

① 统一的技术平台。通过在统一的技术平台内开发和部署，可以简化模块间的通信机制，增强系统的一致性和互操作性，从而提升整体的系统性能和用户体验。

② 系统可用性平衡。系统可用性平衡是在确保产品服务安全性的基础上，选择成熟技术以实现高可用性和安全性的重要考量。这样的技术选择不仅能够支持系统的稳定运行，还能够提供弹性计算的能力，以适应不同的业务需求和负载变化。

③ 规范的管理与维护。确保云平台的每个组件都具备相应的可管理性和维护性，可以快速有效地进行管理和维护，从而减少系统故障和停机时间，提高系统的可靠性。

④ 技术接口开放能力。确保与云平台模块的最高可扩展能力相符，使云平台在未来不受对外服务和功能的限制。

⑤ 较强的服务能力。选择成熟度较高的第三方云平台服务和解决方案，可以为云平台的运行提供强大的服务能力。这不仅包括在应急响应和技术支持方面的能力，还包括在技术更新和升级方面的能力，从而确保云平台能够持续适应技术发展和市场需求的变化。

2. 云计算的选型因素

不同企业在云计算管理平台建设时，要根据自身因素确定云平台。选择不同云平台时，云平台选型因素如下。

① 公有云的选型因素。对于公有云平台的选型，传统中小型企业、中小型互联网企业和初创企业是其主要的目标用户群体。这些企业往往对成本敏感，且可能缺乏自行建设和维护云基础设施的资源和专业知识。公有云平台因其易于接入、按需付费、快速扩展等特性，能够为这些企业提供灵活、高效的云计算服务，从而支持它们的业务发展和技术创新。

② 私有云的选型因素。私有云平台的选型则更适用于政府机构、传统大型企业和大型互联网企业。这些组织通常对数据安全性、合规性有着更高的要求，并且具备相应的资源和能力来建设和维护自己的云基础设施。私有云平台能够提供更高的定制化程度和控制权，使得这些组织能够根据自身的特定需求来设计和优化云服务架构。私有云平台还能更好地满足它们对于数据处理、存储和管理的特定要求，确保业务的连续性和数据的安全性。

（三）云计算的基础设备

1. 云计算的硬件设备

① 主机。刀片服务器和机架式服务器因其不同的架构特点，能够满足不同规模和需求的云服务部署。刀片服务器以其高密度和模块化设计，适合于空间有限且需要大量计算资源的场景；而机架式服务器则因其灵活性和易于扩展的特性，适用于多种云服务环境。

② 存储。SAN 存储、NAS 存储、IP 存储、虚拟磁带库以及异构存储控制系统等，共同构成了云平台的数据存储和访问基础。SAN 存储以其高性能和低延迟特性，适合于存储密集型应用；而 NAS 存储则因其易于管理和可扩展性，适用于文件共享和数据备份；IP 存储则提供了一种成本效益较高的解决方案，适用于大规模数据存储需求。

③ 网络设备。网络设备包括路由器、光纤交换机、负载均衡设备和 VPN 网关。这些设备共同确保了云平台内部和外部的网络连接性、数据传输的稳定性和

安全性。

④ 安全设备及配套。安全设备及配套系统包括防火墙、入侵防御系统、运维安全审计系统、数据库安全审计系统和漏洞扫描系统等。这些安全措施共同构建了一个多层次的安全防护体系，以防止未授权访问、数据泄露和其他安全威胁。

2. 云计算的软件设备

① 物理服务器和虚拟服务器操作系统：如 Linux 操作系统。

② 虚拟化软件：如 KVM、Hyper-V 或 VMware。

③ 开放平台：如 Java EE、NET 或是 PHP 等。

④ 大型数据库：如 Oracle、SQL Server、MySQL 或 PostgreSQL。

⑤ 云平台管理软件：如网络管理、资源管理、用户管理、统计报表、监控、告警等管理功能。

3. 云计算的机房配套设备

① 配置不间断电源。保障电源持续可靠。在云平台的机房配套设备方面，确保电源的持续可靠性是至关重要的。为此，配置不间断电源系统成为机房设计中的标准做法。不间断电源系统能够在市电中断或不稳定时，提供临时电力，保障服务器和其他关键设备能够持续运行，从而避免数据丢失和服务中断。

② 空调设备。保障机房散热持续正常。机房内散热的持续正常是保证设备稳定运行的另一关键因素。为此，空调设备的选择和配置必须能够满足机房内高密度热量的排放需求，确保机房内温度和湿度维持在适宜的范围内。这不仅有助于延长设备的使用寿命，也有助于提高整个云平台的运行效率。

③ 标准机架。提供物理基础设施的放置和维护空间。机架不仅提供了设备安装的物理平台，还通过模块化设计，使得设备的扩展、维护和管理更为便捷。机架的合理布局和使用，可以优化机房空间，提高设备密度，同时也便于线缆管理，减少潜在的故障风险。

（四）云计算的优化部署

以 OpenStack 为例，经部署之后，OpenStack 云计算管理平台还存在许多可扩展性和存储方面的问题。例如，虚拟机在业务负载过高后，该如何迅速增加物理节点来与线上压力抗衡，如何使存储的 I/O 性能不受影响；虚拟机的操作系统被永久损毁后，如何在短时间内恢复虚拟机的正常运行并持续提供服务。针对上述问题，需要对下面的工作作出优化，并使用高可用配置。

1. GlusterFS 使用调整

GlusterFS 作为一种面向大规模数据存储需求的分布式文件系统，其设计优势在于其出色的横向扩展能力。该系统支持存储节点数量的大规模扩展，可达数百个节点，同时能够处理来自上万个客户端的请求。这种可扩展性允许系统在不中断服务的情况下，动态增加存储节点，从而实现存储容量和性能的线性增长。

GlusterFS 通过其条带卷和镜像卷的配置，模拟了传统 RAID 技术中的 RAID0 和 RAID1 功能。条带卷将文件分割成数据块，并分散存储于不同的 brick 节点上，增强了系统的并发读写性能。而镜像卷则通过在多个 brick 节点上冗余存储相同数据，提高了数据的可用性和可靠性。结合使用这两种配置，可以在保证数据安全的同时，优化文件系统的并发处理能力。

GlusterFS 和文件系统的默认配置在 I/O 性能和小文件读写上存在一定问题，可以尝试从以下方面来提高性能。

① 调整读写的块大小，以获得在选定文件系统下最适宜的数值，提升底层文件系统的 I/O 效率。

② 进行本地文件系统的性能优化。

③ 根据具体业务调整每个文件的读写缓存以达到最佳效果，并配合 GlusterFS 固有的缓存机制。

④ 在保证数据安全和系统稳定的前提下，尽量减少数据冗余的份数，以极大缓解 GlusterFS 在查询多个节点时的时间损耗。

2. 虚拟机在线迁移与物理机宕机迁移

① 在线迁移。在线迁移允许虚拟机在不中断服务的情况下，实现跨数据中心或跨物理机的移动。为了确保这一过程的顺利进行，首先需要建立共享存储环境，这是实现虚拟机在线迁移的前提条件。共享存储的部署，使得虚拟机的磁盘文件可以独立于物理服务器，从而在不同的物理服务器间进行迁移而不影响其运行状态。

② 宕机迁移。在某些情况下，当宿主机发生故障时，即使虚拟机本身未受损，也需迁移以恢复服务。物理机宕机迁移的实施同样依赖于共享存储的支持。通过共享存储，虚拟机可以迅速切换到新的宿主机上，以最小化服务中断时间。在迁移过程中，如果虚拟机出现无法访问的情况，通常是由网络配置的变化导致。解决这一问题的方法是，解除并重新绑定虚拟机的浮动 IP 地址，以恢复其网络连接。

对于共享存储的选择，基于 NFS 的共享存储系统适合于规模较小的物理节点环境，以及网络负载和并发量较低的业务场景。它提供了一种简单且成本效益高的共享存储解决方案。然而，对于需要更高负载和横向可扩展性的生产环境，基于 GlusterFS 的共享存储系统则提供了更为强大的性能和扩展能力。

二、云计算软件开发

随着信息技术的不断发展，云计算利用虚拟化和网络等技术成为世界信息技术发展的重要组成部分，云计算也因此加强了对软硬件资源弹性化、集中化和动态化的管控，并在此基础上建立了全新的一体化服务模式。此种新的服务模式为传统信息技术带来了挑战和机遇。

（一）云计算软件

应用软件是和系统软件相对应的，是用户使用各种程序设计语言编制的应用程序的集合。应用软件是为满足用户对于不同领域、不同问题的应用需求而设计的软件，它可以拓宽计算机系统的应用领域，放大硬件的功能。云计算软件即是一种应用软件。

1. 云计算软件的类型

① 办公室软件。例如文书试算表、数学程式创建编辑器、绘图程序、基础数据库档案管理系统、文本编辑器等。

② 分析软件。例如计算机代数系统、统计软件、数字计算、计算机辅助、工程设计等。

③ 商务软件。例如会计软件、企业工作流程分析、用户关系管理、企业资源规划、供应链管理、产品生命周期管理等。

④ 互联网软件。例如即时通信软件、电子邮件客户端、网页浏览器、客户端下载工具等。

⑤ 多媒体软件。例如媒体播放器、图像编辑软件、音频编辑软件、视频编辑软件、计算机辅助设计、计算机游戏、桌面排版等。

2. 云计算软件的特性

① 与传统软件相比，云计算软件在交互模式和开发模式上发生了颠覆性的改变。传统软件的分发依赖于物理介质如磁盘，且必须在用户本地计算机上进行安装，这种模式在资源消耗上存在明显不足。相对而言，云计算软件的优势在于，软件开发商先行在云平台上部署应用，用户通过网络即可接入和使用，极大地节约了服务器和存储资源。

② 与传统软件的盈利模式不同，传统软件的盈利主要来源于软件产品的销售，用户需支付安装费、购买费、管理费及维护费等多项费用。而云计算软件则采用了租赁制的商业模式，服务提供商主要通过租赁费用实现盈利，租赁周期的灵活性为用户提供了更多的选择。

③ 相比于传统软件，云计算软件不受特定空间和时间的限制。只要有网络连接，用户即可随时随地使用软件，这一点是受安装位置和服务器条件限制的传统软件所无法比拟的。

④ 云计算软件的重复应用程度更高。软件复用是提高开发效率、降低错误率、提升软件可靠性的关键因素。云计算软件在实现软件复用方面的成效显著，有效促进了软件开发的效率和质量。

（二）云计算软件开发的技术

1. SOA 技术

SOA 技术是面向服务架构的技术，SOA 强调服务的重要性。随着信息技术的不断发展，软件开发商在更深入地开发 SOA 技术，就目前的应用程序开发领域而言，SOA 技术已经无处不在。

SOA 技术的开发随着 SaaS 的火热开发更加深入。随着人们对科技产品的依赖不断增加，IT 环境也变得日趋复杂。从目前的发展趋势来看，未来的科技发展趋势更偏向于动态、服务性、多元等方向的健康发展，单一、模式化的科技发展趋势已无法满足社会的需求。

2. 单点登录技术

单点登录技术是从软件系统的整体安全性出发，实现一次性自动登录和访问所有授权的应用软件，并且不需要记忆各种登录口令、ID 或过程。

Web Service 环境中的系统需要相互通信，但是要实现系统之间相互维护和访问控制列表明显不切实际。从用户的角度出发，用户都想要更好的应用体验，都想以简单安全的方式体验不同的业务系统。单点登录环境还包含一些独特的应用系统，它们有自己的认证方式和授权方式，所以在应用 Web Service 环境中的系统时，还需要解决不同系统间用户信任映射的问题，由此可以确保当用户的一个系统信息被删除时，其他相关的所有系统也都不能访问。

3. Web Service 技术

Web Service 技术作为一种组件集成技术，其核心在于利用 HTTP 协议、XML 数据封装标准以及 SOAP 轻量型传输协议来实现不同系统间的信息互通与共享。这种技术架构的优势在于其高度的互操作性和平台无关性，使得在遵循统一开放网络标准的环境中，不同系统能够轻松实现互联互通。

Web Service 技术的设计初衷在于实现可扩展性与简洁性，其开放性的特性促进了不同程序和平台间的有效沟通。通过 Web Service，原本孤立的站点信息得以相互联系，实现资源共享，从而增强了网络应用的协作性和灵活性。

在 SaaS 软件领域，Web Service 技术提供了一种高效的组件间通信机制。它能够整合不同平台和开发工具构建的应用系统，从而增强这些系统的可扩展性。Web Service 的集成应用，使得企业能够构建更为复杂和功能丰富的应用环境。

4. Ajax 技术

Ajax 技术作为一种创新的 Web 开发技术，为构建交互式 Web 应用程序提供了强有力的支持。与传统的页面重载机制相比，Ajax 技术能够实现局部页面更新，从而显著提升了用户的浏览体验。在 Ajax 技术的支持下，Web 页面的更新过程转变为逐步和异步进行，这意味着用户界面的响应速度得到了显著提升。

在 Web 页面中集成 Ajax 应用程序，用户可以享受到更为流畅和高效的服务。页面的刷新不再需要整体加载，而是仅对必要的部分进行更新，这样的异步更新机制大幅减少了用户的等待时间。Ajax 技术的应用还允许用户在进行页面刷新的同时，无缝接入 SaaS 的应用。

（三）云计算软件的架构与开发

1. 云计算软件的架构

云计算软件非常注重资源的随需分配和共享，其划分服务模式的方法也很多，主要分为三类基本服务：平台即服务（PaaS）、基础设施即服务（IaaS）、软件即服务（SaaS）。根据云计算技术理念，可以将开发平台的框架分为以下三种情况。

① PaaS 层面。PaaS 层面能够实现软件业务化定制引擎，进而为 SaaS（软件即服务）层面提供高度定制化的服务。这种服务模式不仅增强了软件的适应性和灵活性，而且通过 API 的标准化，促进了不同应用之间的互操作性。

② IaaS 层面。IaaS 通过虚拟化技术，将物理资源抽象化，转化为可动态分配的逻辑资源，从而为上层应用提供必要的基础运行功能。IaaS 层面的服务还能够降低运维软件系统的复杂度，并通过资源的优化配置提高整体的资源利用率。

③ SaaS 层面。SaaS 通过提供定制开发服务接口和应用服务接口，使得用户能够根据自己的需求定制软件功能。在此层面上，服务体系结构和服务接口的设计均遵循统一和开放的原则，这不仅为用户提供了便捷的接入方式，也促进了不同服务提供商之间的服务整合。

2. 云计算软件的开发

云计算软件开发平台由云计算支撑环境、云计算软件开发工具和云存储构件库等元素构成。应用软件的开发驱动基于软件系统的建模行为，开发云计算软件的过程大致如下。

① 在系统建模阶段，开发商可以采用与平台无关的模型如 PIM 来精确描述软件系统。为了满足用户的具体需求，开发商需对 PIM 进行细化，确保模型能够准确反映用户需求并适应预期的应用场景。

② PIM 可以根据不同技术平台的要求，转换成相应的平台特定模型。这一转换过程涉及将 PIM 中的抽象概念映射到特定技术平台的实际实现上，形成独立的、可操作的模型。

在云计算软件开发的生命周期中，从最初的需求分析到最终的系统发布和测试，整个过程与传统的软件开发模式相似。然而，云计算管理平台提供了额外的便利性：一旦建立了系统的 PIM 模型，云端的构件库、支撑环境和工具集便可以协同工作，自动将 PIM 模型转换成一个或多个 PSM 模型，并最终生成可执行的代码。之后，经过必要的测试和验证，系统便可发布上线。

云计算软件的开发模型主要集中在云环境的 SaaS 层和 PaaS 层。SaaS 层侧重于提供对应用软件的访问和使用，而 PaaS 层则提供软件开发所需的平台和工具支持。

第四章
新时期云计算安全分析与技术管理

第一节　云计算安全分析与评估

云计算的安全性一直备受关注，主要问题包括访问权限问题、技术保密问题、数据完整性问题、法律约束问题❶。传统数据中心与低成本、高性能的云计算数据中心相比，在某些方面可能显得不具优势，这促使了众多寻求成本效益的企业纷纷转向云服务。但部分企业对云计算存在的安全隐患表示担忧，从而延缓了将业务和数据迁移至云端的步伐。安全问题无疑已成为阻碍云计算进一步普及和发展的关键因素。因此，各云服务提供商每年都会投入大量资源进行研究，以确保云计算管理平台和云服务的安全性。

一、云计算安全及其产生原因

云计算安全是由计算机安全、网络安全及更广泛的信息安全演化而来的概念，有时也简称为云安全。对于云服务提供商而言，云计算安全涉及一套综合性的策略，包括硬件技术、软件平台、实施方法、统一标准以及法律法规等多个方面，旨在保护其云计算系统（主要是公有云平台）中的基础设施、IP 网络、应用程序及用户数据等资产的安全。而对于用户而言，云计算安全则意味着所使用的云服务环境的稳定性和私密性，以及存储在云中的数据的完整性和隐私性得到保障。

云计算的分布式架构特性意味着数据可能分散存储在多个位置，其中数据泄露是数据安全方面面临的最高风险之一。尽管用户能够访问自己的数据，但他们

---

❶ 张国梁，李政翰，孙悦 . 基于分层密钥管理的云计算密文访问控制方案设计 [J]. 电脑知识与技术，2022，18（18）：26.

通常无法确定数据具体存储的位置。所有数据的运营和维护均由第三方负责，有时数据甚至以明文形式保存在数据库中，存在被用于广告宣传或其他商业目的的风险。因此，数据泄露问题以及用户对第三方维护的信任问题成为云计算安全中备受关注的议题。尽管数据中心的内外硬件设备能够提供一定程度的防护以抵御外部攻击，且这种防护级别通常高于用户自身能够提供的，但与数据相关的安全事件仍不时在各大云计算厂商中发生。

从技术层面来看，云安全体系的不完善、产品技术实力的不足以及平台易用性较差等因素可能导致用户使用困难；从运维层面看，运维人员部署不规范、未按流程操作、缺乏经验、操作失误或违规滥用权限等行为可能导致敏感信息外泄；从用户层面看，用户安全意识薄弱、未养成良好的安全习惯、缺乏专业的安全管理或虽有严格的规章制度但不执行等因素也可能导致信息外泄等安全问题。因此，建立严格的管理制度是确保整个系统安全的重要保障。

二、云计算风险分析与安全评估

（一）云计算风险分析

1. 法律法规风险

构建健全的法律环境是信息安全保障体系建设的关键环节。云计算安全体系作为这一体系的组成部分，同样需要遵循企业政策和法律法规的要求。云计算作为一种新兴的服务模式，其虚拟性和国际性特点带来了一系列法律和监管挑战，增加了云服务在法律法规方面的风险。

① 数据跨境问题。云计算的地域性弱化和信息流动性增强特点，使得数据跨境存储和传输成为常态。用户可能无法确切知晓数据的存储位置，即使选择的是本国云服务提供商，数据也可能因为提供商的全球数据中心布局而被存储在其他国家。数据在备份或服务器架构调整过程中的跨境传输也可能触发法律问题，不同国家对于数据跨境有着不同的法律要求，云服务中的数据跨境活动可能与用户所在国的法律规定相冲突。

根据欧盟规定，欧盟公民的个人数据只能流向那些与其数据保护水平相当的国家或地区。加拿大、瑞士、阿根廷等国被认为是符合这一标准的国家。在没有特定承诺机制的情况下，欧盟禁止将个人数据从欧盟转移到美国和世界上大部分其他国家。因此，云服务提供商若想合法进行数据跨境存储和传输，必须满足国际安全港认证、格式合同或有约束力的公司规则等条件，否则可能违反欧盟法律。

② 隐私保护问题。云计算环境中，用户数据的存储增加了隐私泄露的风险。云服务提供商必须确保用户隐私不被未授权获取，但在某些国家的法律中，为了国家安全，允许执法部门和政府机构在特定情况下查看个人隐私信息。

③ 安全性评价与责任认定问题。云服务提供商与用户之间的合同规定了双方的权利和义务，包括发生安全事故后的责任认定和赔偿方式。但是，目前缺乏

统一的云计算安全标准和测评体系，使得云用户和云服务提供商在安全目标和安全服务能力方面难以衡量。在出现安全事故时，责任认定缺乏统一标准，可能导致争议和纠纷。

云计算安全标准需要支持用户描述数据安全目标、指定资产安全保护范围，并满足企业用户的安全管理需求。安全标准还应支持对云服务过程的安全评估，并规定安全目标验证的方法和程序。因此，建立以安全目标验证和安全服务等级测评为核心的云计算安全标准体系是一项极具挑战性的任务。

2. 管理层面的风险

为了确保云服务的安全性，除了技术手段之外，还需要云服务的各方参与者共同制定和执行全面有效的管理策略。云计算环境与传统 IT 架构的主要区别在于数据的所有权和管理权是分离的。用户将数据托管给云服务提供商进行全面管理，而自己并不直接控制云计算系统，这种分离导致了云服务提供商在管理用户数据时面临诸多限制，因为他们不具备数据的所有权，也无法直接访问或处理用户数据。云服务提供商通常无法完全了解用户使用的终端设备及其操作的安全性，这增加了不可预测的风险。

服务等级协议（SLA）是云服务提供商和用户之间就服务质量等级达成的共识。SLA 旨在明确双方对于服务质量、优先权和责任的期望，以及维持特定的服务质量（QoS）。对于云服务而言，SLA 能够缓解用户对服务安全和质量的担忧，同时使服务提供商能够清晰地向用户传达其服务的质量等级、成本和收费等信息。尽管云服务提供商在 SLA 中对可用性、响应时间和安全保障等方面作出了承诺，但实际操作中往往难以完全满足这些承诺。

为了真正保障云计算的运营安全，需要云服务提供商、用户以及其他供应链参与者共同努力，制定和执行有效的管理策略。这包括但不限于建立更加严格的 SLA 条款，确保服务的连续性和可持续性，以及加强对供应链的管理，确保关键资源的稳定供应。通过这些措施，可以降低云服务的风险，提高用户对云服务的信任度，从而推动云计算的健康发展。

3. 技术层面的风险

① IaaS 层面的风险分析。IaaS 通过虚拟化技术，将计算、存储和网络资源转化为可通过网络访问的服务。这种服务模式允许用户在云资源上部署和运行软件，包括操作系统和应用程序，无须管理底层的云基础设施。尽管如此，用户仍需对操作系统和应用程序的安全性负责，并可能对网络组件进行有限的管理。虚拟化技术虽然提高了资源的可扩展性和多租户性，但也带来了主机安全、网络安全和数据存储迁移等方面的风险。

② PaaS 层面的风险分析。PaaS 在 IaaS 的基础上进一步提供了包括中间件、数据库和开发环境在内的软件栈。PaaS 使得开发者能够在云基础设施上部署和运行应用程序，而无需关心底层的硬件和操作系统。分布式处理技术是 PaaS 的核心，它通过分布式计算、同步技术、数据库和文件系统管理，实现了资源的高

效利用和简化了分布式应用的开发。由于 PaaS 需要处理海量数据并支持多用户，其分布式处理技术可能无法完全有效实施，从而增加了数据安全和应用安全的风险。

③ SaaS 层面的风险分析。SaaS 为用户提供了通过瘦客户端接口访问云基础设施上运行的应用程序的能力。在 SaaS 模式下，用户无须管理底层基础设施，也无须负责应用的性能保障。SaaS 模式面临的主机和网络安全风险与 PaaS 类似，但应用安全风险的责任分配和内容不同。在 SaaS 中，服务提供商需全面负责应用程序及相关组件的安全性，而用户只需确保自己的操作安全。应用虚拟化技术作为 SaaS 的核心技术，使得应用程序可以作为一种服务交付给用户，提供了无须本地安装、即需即用的应用体验。

4. 行业应用风险

云计算凭借其众多优势，发展前景十分可观，并逐渐在更多领域得到推广和应用。在政府的推动下，我国云计算应用正聚焦政府、电信、教育、医疗、金融、石油石化和电力等行业，推出相应的云计算实施方案。鉴于不同行业的核心资产、关注问题、应用场景及监管要求各异，不同的云计算运营模型面临的安全风险也各不相同。

① 电子商务云。电子商务是一种全球范围内的商业模式，在开放的互联网环境中，基于浏览器/服务器架构，使得买卖双方无须面对面即可完成多种商贸活动，包括但不限于网上购物、商家间的网上交易、在线电子支付，以及一系列相关的商务活动、交易活动、金融活动和综合性服务活动。

在传统的信息技术架构下，企业若要开展电子商务，通常需投入大量资金购置存储、计算、软件等基础设施资源，并自行建立数据中心和服务平台。随着时间推移，系统软硬件会因损耗或不能满足市场需求而需不断更新维护，这不仅消耗了企业的人力资源和大量时间，还增加了企业的运营成本。随着电子商务应用程序开发的精细化以及用户对体验要求的提高，相关程序规模和生成文件越来越大，企业和用户本地的存储容量往往难以承载。电子商务云是利用云计算技术构建的电子商务服务平台，它可以有效克服传统电子商务平台的诸多弊端。在电子商务云中，企业可以直接利用云端先进的软硬件设施构建高效的服务平台，服务类型不再受到限制。企业和用户的数据存储于云端，云端具备的强大存储和计算能力消除了传统电子商务平台在存储和运算能力方面的瓶颈，同时，云服务提供商负责设备的维护更新，企业由此节省了系统维护更新所需的资金、人力和时间投入。对于电子商务云的安全问题，鉴于电子商务的本质属性——涉及高度商业机密和大量资金流转，企业在使用电子商务云时最为关切的是"数据安全"。由于电子商务云平台的运维过程和数据存储主要由云服务提供商承担，提供商的运营经验和能力直接影响到电子商务云平台能否顺畅运作，因此企业亦非常关注云服务提供商的运营经验。同时，云计算是否能有效保护用户隐私，以及系统的稳定性、可移植性、可用性等问题同样是企业十分关心的内容。

② 电子政务云。电子政务利用计算机、网络和通信等现代信息技术手段，优化重组政府组织结构和工作流程，突破时间、空间和部门分割的限制，旨在构建精简、高效、廉洁、公平的政府运作模式，从而全方位地向社会提供优质、规范、透明、符合国际水准的管理与服务。作为电子信息技术与管理的有机结合，电子政务已成为当代信息化最重要的领域之一。在电子政务云中，云平台管理中心统一管理各部门共享的云计算数据中心，提供按需服务，确保统一的组织领导、规划实施、标准规范、网络平台及安全管理，既节省了管理人力，又极大地提升了服务质量。

③ 教育云。相较于传统教育信息化平台的建设，过去各级各类教育机构需要各自购买软硬件资源以搭建独立的信息化平台；教育云通过提供共享的软硬件资源，降低了各教育机构购买基础设施的投入，并提升了资源利用率。尤其是在我国，很多教育机构特别是基础教育机构缺乏专业的 IT 技术团队，传统教育信息化平台往往难以得到妥善维护；而教育云通常由专业团队建设和维护，确保了平台的稳定性和安全性。

传统的教育信息化平台普遍呈孤立状态，导致优质教育资源无法有效共享，不同学校间教学质量存在较大差距；而教育云可以实现优质教育资源的共建共享，支持跨区域的教学研究协作，有助于缩小不同地区、不同类型的学校间差距，推动基础教育的均衡发展。

（二）云计算安全评估

云计算作为一种新兴的信息技术服务模式，其安全性评估是确保数据和应用安全的关键环节。信息安全风险评估是一个系统的过程，旨在识别和评价可能对信息系统的机密性、完整性和可用性造成威胁的因素，并提出相应的防护措施。在云计算环境中，这一过程尤为重要，因为云服务的特性使得传统的安全评估方法需要进行相应的调整和补充。

1. 云计算安全评估的分析方法

基于云计算的评测分析方法应结合传统的信息安全风险评估办法，从以下角度进行。

① 资产识别。对使用云计算管理平台的资产进行分类和赋值，包括文档信息、软件信息，以及应用的云计算管理平台、云安全设施、云存储设施等。

② 威胁识别。根据报告或渗透检测工具对可能存在的威胁进行分类，并根据威胁发生的频率进行赋值。

③ 脆弱性识别。识别可能引起安全事件的脆弱性，并进行赋值。

④ 风险评估与分析。分析威胁和脆弱性的关联关系，计算安全事件发生的可能性和潜在损失，从而得出风险值。

风险评估的结果可以帮助用户在选择云服务提供商前，根据能承受的风险水平进行决策。云计算环境面临的主要安全威胁包括 Web 安全漏洞、拒绝服务攻击、内部数据泄露、滥用权限，以及潜在的合同纠纷与法律诉讼等。云计算的安全评估应侧重于云计算的服务特性，并考虑云架构的不同对风险评估的影响。

云计算安全评估是一个复杂的过程，需要综合考虑云计算的服务模式、技术特性以及与信息安全相关的法律法规要求。通过科学的评估方法和步骤，可以有效地识别和量化云计算环境中的安全威胁，为用户提供决策支持，帮助他们制定合理的安全策略，从而最大限度地保障信息资产的安全。

2. 云计算安全评估的度量指标

云计算安全评估可以从以下方面进行。

① 计算服务。评估统一平台的安全性（如数据加密方式、特权用户访问权限等）和租赁计算设备的运行可靠性。

② 存储服务。评估分布式存储中心的安全性，如数据加密、备份和分散存储等。

③ 网络服务。评估网络基础设施的运营情况，以及是否具备多个网络接入设备，是否能满足计算和存储的需求等。

第二节 云计算合规要求与云服务安全认证

一、云计算合规要求

（一）云计算合规的范围

云计算合规涵盖了数据保护、隐私、安全、合规审核等多个方面，旨在保护用户数据和维护数据主体权益。

1. 云计算合规的法规和标准

① 欧盟通用数据保护条例（GDPR）。GDPR 是欧盟的数据保护法规，适用于所有在欧洲境内提供服务的组织。它要求组织对个人数据的收集、存储和处理进行合法、透明和安全的管理。

② 美国健康保险可移植性和责任法案（HIPAA）。HIPAA 是美国的医疗保健行业的法规，要求医疗服务提供商和相关组织保护患者的健康信息，并确保数据隐私和安全。

③ 加利福尼亚州消费者隐私法（CCPA）。CCPA 是加利福尼亚州的隐私法规，要求组织对加州居民的个人信息进行适当的保护和管理，包括透明披露、用户权利和数据使用限制等。

2. 云计算合规的关键要素

① 数据保护和隐私。云计算涉及大量的数据存储和处理，保护用户数据的隐私和完整性是关键。合规要求包括适当的数据分类、访问控制、加密、数据传输保护等。

② 跨境数据传输和合规性。跨境数据传输涉及不同国家和地区的法规要求，如欧洲的数据出境限制和隐私保护要求。确保数据传输符合适用法律和法规是云计算合规的挑战之一。

③ 第三方服务提供商的合规性。在使用云服务时，组织需要评估和选择合规的服务提供商，确保其服务符合适用的法规和标准，并提供合适的合规承诺和保证。

④ 安全性和漏洞管理。云计算环境面临各种安全威胁和漏洞，如数据泄露、身份验证问题、网络攻击等。合规要求包括安全控制措施的实施，如身份和访问管理、强化网络安全、定期漏洞扫描和安全评估等，以确保云计算环境的安全性。

（二）云计算合规的价值

随着云计算技术的广泛应用，云平台已成为许多组织存储和处理敏感数据的重要工具。然而，随之而来的是对云计算合规性的关注。云计算合规性是指组织在使用云计算服务时，符合适用的法律法规、行业标准和合同约定的要求。

第一，合规性要求的满足。不同行业和地区都存在特定的合规性要求，如GDPR、HIPAA、CCPA等。通过确保云计算管理平台的合规性，组织能够遵守相关法律法规和标准，防止违规行为带来的法律风险和罚款，并增强与监管机构的合作信任。

第二，数据保护和隐私保密。云计算合规性要求组织保护存储在云平台上的敏感数据，确保数据的保密性和隐私性。通过合规性控制和加密技术的应用，组织可以有效保护数据免受未经授权的访问和泄露。

第三，提升用户信任和竞争优势。云计算合规性是用户选择云服务提供商时重要的考虑因素之一。具备合规性的云服务提供商能够增强用户的信任，并提供符合法律法规要求的安全解决方案。合规性还可以为组织带来竞争优势，吸引更多用户选择其云平台。

第四，数据治理和风险管理。云计算合规性要求组织建立完善的数据治理机制，包括数据分类、备份等。这有助于组织更好地管理数据资产和风险，并确保数据的完整性和可用性。

第五，安全性增强和威胁防范。云计算合规性要求组织采取适当的安全措施，包括访问控制、身份验证、事件监测和响应等。通过合规性控制的实施，组织可以增强云平台的安全性，并有效防范网络攻击、数据泄露和恶意软件等安全威胁。

第六，供应链管理和可信度提升。云计算合规性要求组织对供应链进行管理和监督，确保云服务提供商和相关提供商也符合合规要求。这有助于提升整个供应链的可信度和安全性，减少供应链风险。

（三）实施云计算合规的步骤和流程

1. 实施云计算合规的关键步骤

① 风险评估和合规要求分析。组织需要进行风险评估，识别与云计算相关的合规风险和安全风险；分析适用的法规和合规要求，确保了解需要遵守的规定。

② 合规策略和政策制定。基于风险评估和合规要求，制定云计算的合规策略和政策。这些策略和政策应包括数据保护、访问控制、数据分类和处理、安全审计等方面的要求。

③ 技术和安全控制措施。实施适当的技术和安全控制措施，以满足合规要求。这可能涉及数据加密、访问控制、安全监控、漏洞管理、备份和灾备等方面的措施。

④ 合规监督和审核。建立合规监督和审核机制，定期评估和监测合规性。包括定期的合规审计、安全评估、合规报告等，以确保合规要求的持续符合性。

2. 持续改进和更新的重要性

① 定期合规评估和更新。合规性是一个不断变化的领域，法规和标准可能随着时间的推移而变化。组织应定期进行合规评估，确保其合规控制和措施与最新的法规和标准保持一致。

② 培训和意识提高。提供员工培训和意识提高活动，以增强员工对云计算合规的理解。培训内容可以包括合规政策和程序、数据保护措施、安全最佳实践等方面，帮助员工更好地遵守和执行合规要求。

③ 合作伙伴和提供商管理。与云服务提供商和其他合作伙伴建立紧密的合规合作关系。确保他们也符合合规要求，并通过合同和合作协议明确各方的合规责任和义务。

④ 响应合规违规和安全事件。建立有效的合规违规和安全事件管理机制，及时应对违规行为和安全事件。这包括建立报告渠道、调查程序、纠正措施等，以维护合规性和安全性。

二、云服务的安全认证

（一）云服务安全认证的主要作用

云服务的安全认证是一个评估和验证云服务提供商安全能力和合规性的过程。它的作用主要体现在以下方面。

第一，增强用户信任和可靠性。通过获得安全认证，云服务提供商能够向用户展示其安全能力和合规性，增强用户对其的信任度。用户可以更加放心地将业务和数据托管到经过认证的云服务提供商那里，因为他们知道其数据将得到充分的保护和安全处理。

第二，降低安全风险。安全认证可以帮助云服务提供商识别和解决潜在的安全漏洞和风险，从而降低数据泄露、未授权访问等安全事件的发生概率。通过实施认证标准和合规性要求，可以建立更严格的安全控制措施，确保云环境的整体安全性。

第三，提升合规性和法规要求的满足程度。通过获得特定的安全认证，云服务提供商能够确保其服务符合特定行业和地区的合规性标准和法规要求。这有助于组织在遵守相关法规的同时，提供安全可信的服务。

第四，促进信息共享和协作。安全认证为云服务提供商和用户之间建立了一个共同的安全基准和语言。通过共享认证结果和安全最佳实践，云服务提供商和用户可以更好地协作和合作，共同应对安全挑战和威胁。

第五，推动云服务市场的发展和创新。安全认证不仅提升了用户对云服务的信任度，也推动了云服务市场的发展和创新。认证要求和标准的不断提高，推动了云服务提供商不断改进其安全措施和技术，以满足用户的需求和期望。

随着云计算的不断发展和演进，安全认证将继续在推动云服务市场的发展和创新方面发挥关键的作用。用户和云服务提供商都应重视安全认证，共同努力构建安全可信的云计算环境。

（二）云服务安全认证的一般步骤

实施云服务安全认证需要遵循一系列的步骤和流程，以确保评估的全面性和准确性。云服务安全认证步骤如下。

第一，需求分析。确定组织的需求和目标，包括希望实施哪种安全认证标准和框架，以及需要满足的合规性要求。

第二，评估和筛选。根据云服务提供商已获得的安全认证和合规性证书，以及其他相关的安全措施和能力，评估和筛选符合要求的云服务提供商。

第三，协议和合同。与选择的云服务提供商签订协议和合同，明确双方的权责和义务，包括安全控制、数据处理、监控和审计等方面的条款。

第四，安全评估。对云服务提供商进行安全评估，包括对其安全控制措施、数据保护机制、访问控制、事件响应等方面进行审查和测试。

第五，认证申请。根据选择的安全认证标准和框架，向相应的认证机构提交认证申请，并提供必要的文件和资料。

第六，认证审查。认证机构对申请进行审查和评估，包括文件审核、现场检查、测试和验证等环节，以确保云服务提供商符合认证要求。

第七，认证颁发。经过认证机构的评估和确认，如符合认证要求，认证机构将颁发相应的认证证书或报告，确认云服务提供商的安全性和合规性。

第八，监督和维持。云服务提供商需要持续监督和维持其安全性和合规性水平，定期进行自查和评估，并接受认证机构的监督和审查。实施云服务安全认证需要组织和云服务提供商的共同努力。组织需要积极参与和配合安全评估过程，提供必要的信息和支持；同时云服务提供商需要履行其安全承诺，确保其服务的安全性和合规性。

（三）云服务安全认证的主要机制

1. 安全审计机制

安全审计机制对于网络具有较高的依赖性，能够有效提升数据的安全性，是确保云服务中用户数据安全的一项重要手段。安全审计机制要对用户在云服务中的访问记录进行系统记录，并形成一份完整的记录，通过对数据进行分析找到系统出现的各种问题，或者是比较薄弱的环节，从而能够判断网络是否受到了来自黑客的攻击，或者是哪一个环节比较容易受到攻击，这对于降低受到攻击的风险具有有效的价值。安全审计能够在风险发生之前进行及时报警，并且能够将用户操作中的违规行为记录下来。安全审计能够将用户的正常操作记录下来，但用户所进行的正常操作可能正是服务器被攻击。云审计也是一种服务模式，能够对相应的服务模式进行审计，记录相关的数据，能够提升用户对于平台的信任。通过云审计可以减少云计算环境被未知用户访问的次数，并且对数据进行更好的保护。

安全审计过程主要包括四个阶段：检测、防御、调查、分析。检测是通过记录用户的操作数据，来分析用户操作的过程中哪些阶段违反了相关规定；防御阶段是结合相关的安全技术来确保云服务中相关数据的安全性；调查阶段是对收集到的数据进行全面分析，从而能够调查非法进入的用户以及所进行的违规操作；分析阶段是在完成风险调查之后，分析下次再遇到相同风险时应该采取什么样的措施进行风险规避，能够有效防止攻击者的入侵行为。

目前，部分提供商并没有及时对监控数据以及审计日志进行数据提供，导致审计工作发挥不了价值，无法有效提升安全检测的有效性。同时云服务中的数据存储位置遍布全球，用户不知道提供商在数据存储方面进行了哪些操作，安全审计机制在云计算环境下也面临着很大的挑战。

2. 身份认证机制

在云服务快速发展的背景下，访问认证以及身份认证的数量不断扩大，同时也更加复杂。为了保证用户数据的安全，更好地完成安全认证，出现了很多进行安全认证的技术。云端中存储了大量的用户身份信息，如果没有对访问的用户身份进行核实，可能会造成严重的数据泄露。在云服务过程中，如何保证访问的身份是用户的真实身份，以及保证用户的物理身份与数字身份是一致的，是当下云服务提供商需要重点解决的问题。

鉴定用户身份的人员和用户之间一般共享一个秘密口令，从而能够通过对比来确定用户的身份。云终端和用户之间进行身份信息的交互，并将用户的身份信息传递给认证服务器完成比对工作，根据比对的结果来判断用户的身份是否符合相关要求。云服务通过对用户的身份进行比对和确认，能够确保云服务中的数据是完整的，同时也能保证用户的相关机密，对用户的访问过程进行安全的控制。

在对用户身份进行验证的过程中，主要涉及的对象包括：用户，即提供身份信息的人员；认证服务器，即对用户所提供的信息进行比对，根据比对结果来判断其是否合法；云服务提供商，即为用户提供云计算服务的机构；数据攻击者，即盗取用户的身份信息来试图获得云计算服务。在对用户的身份进行鉴别的过程中，一般需要多方考虑各因素的作用，从而能够确保认证结果的可靠性。

目前，口令是应用比较广泛的一种认证方式，这种方式非常便捷，并且运用起来比较简单。但越简单的方式往往有越多的缺陷。这种方式的缺点是：因为操作过程过于简单，如果云服务器遭受到攻击，那么口令很容易被攻击者获得，从而使攻击者可以仿造用户的身份来对云服务中的资源进行掌握。为了有效提高认证的可靠性，可以为用户的安全认证上双份保险，两者均满足时才有权限进行云服务资源的查阅。但这些过程需要第三方机构的参与，在一定程度上增加了认证过程的复杂性。如果第三方机构不够可信，那么密钥的安全也无法得到有效的保证。

基于信用卡的认证方式不容易受到因服务器受到攻击所带来的影响，但用户比较容易丢失信用卡这种实物。而基于生物特征的鉴定方式的准确性很高，并且非常安全，但需要耗费一定的资金用在鉴定设备的购置上，并且还经常出现鉴别失败的情况。

数据安全的性能已经不再局限于计算机领域，而是已经扩展到了云服务提供商领域。云服务的用户在信息控制方面并没有很大的权力，用户和提供商之间的合作关系建立在云环境的基础之上，提供商掌握了大量的用户信息，导致用户信息有很大的泄露风险。不同的服务模式所具有的安全问题存在一定的差异，虽然目前身份认证机制正在不断完善，但仍然会遇到各种各样的挑战。

3. 访问控制机制

访问控制机制在保证云计算环境的安全方面发挥着重要作用，其中包括云计算系统、网络和数据资源的访问控制等部分，是阻止网络环境被非法访问的第一道关卡。云计算系统需要利用访问控制机制来对网络环境进行维护，同时能够保证用户信息得到有效保护，保证其安全性。

访问控制机制可以分为自主访问控制、基于角色的访问控制、强制访问控制。自主访问控制机制中，主体要负责决定其他访问主体是否具有对相关资源或信息进行查询的权利，这一过程中的权限访问具有较高的难度，并且在用户量较大的情况下是不适用的。基于角色的访问机制中的决策权主要在用户手中，其他访问主体的权限被同意之后，主体才能对信息进行查询，以及进行相关操作。强制访问控制的决策权在系统手中，系统对主体以及客体进行分配，按照信用等级对其进行分类，只有主体的信用等级达到了一定要求，才能对相应等级的信息和资源进行相关操作；如果主体的信用等级达不到相应的水准，那么便不能进行相关操作。强制访问控制机制在保证数据安全方面具有更显著的优势，能够达到良好的效果，所以，在云计算环境的保护中具有较为广泛的应用，能够有效提升用户操作的安全性。

在云服务趋于应用普遍化、结构复杂化的趋势下，为更好地应对新形势下云服务面临的安全威胁，应不断完善云服务安全标准，在等级保护、云服务安全审查等制度基础上，进一步研究完善云服务安全认证机制，提升云服务安全管理水平，促进云服务产业的安全有序发展❶。

（四）云服务安全认证的发展趋势

第一，新的认证标准和框架。随着技术和安全需求的不断变化，可能会出现新的认证标准和框架。这些新的标准和框架可能更加注重新兴技术的安全性，如人工智能、区块链和物联网。同时，它们可能会更加关注数据隐私和合规性方面的要求。

第二，纵向和横向整合。云服务安全认证可能趋向于整合不同领域和不同国家或地区的认证要求，以满足全球化业务和跨境数据传输的需求。这种整合可能包括不同行业的合规性要求、不同国家或地区的数据保护法规以及供应链安全的要求。

第三，自动化和智能化。随着技术的进步，云服务安全认证过程可能会趋向于自动化和智能化。例如，利用机器学习和人工智能技术来自动化管理安全评估和审核过程，提高效率和准确性。同时，智能化工具和仪表板可以帮助组织实时监测和管理云服务的安全性。

第四，区域特定的认证要求。由于不同地区和国家可能有不同的法规和安全要求，云服务安全认证可能会出现更多的区域特定认证要求。这将考虑到特定地区的文化、法规和安全标准，以满足当地用户和组织的需求。

第五，第三方认证和验证。为了提高认证的可信度和独立性，第三方认证和验证机构的角色可能会增加。这些机构将独立地评估和验证云服务提供商的安全性和合规性，为用户提供更可靠的认证结果。

第六，强调持续性和改进。云服务安全认证将越来越强调持续性和改进。认证不再是一次性的过程，而是需要云服务提供商持续改进和更新其安全措施，定期进行自查和评估，并接受定期的认证审查。

云服务安全认证在保障云计算环境安全和合规性方面起着重要的作用。通过对云服务提供商的安全性和合规性进行评估和认证，用户可以选择安全可靠的云服务提供商，保证其数据和业务的安全。实施云服务安全认证需要进行需求分析、评估和筛选、协议和合同、安全评估、认证申请、认证审查和认证颁发等步骤和流程。云服务安全认证面临的挑战包括复杂性和成本、不断变化的威胁环境、多样性的合规性要求、数据隐私和跨境数据传输、供应链安全以及持续监督

---

❶　张治兵，倪平，付凯，等．云服务安全认证现状研究［J］．信息通信技术与政策，2018（9）：55.

和审计等方面。未来云服务安全认证的发展趋势包括新的认证标准和框架、纵向和横向整合、自动化和智能化、区域特定的认证要求、第三方认证和验证，以及强调持续性和改进。这些趋势将为用户提供更多的选择和更高的可信度，推动云计算的发展和应用。

关于安全认证的研究也在不断加深，虽然安全认证机制目前已经取得一定效果，但在网络技术不断发展的今天，网络攻击技术也在不断发展，安全控制机制面临更加严重的挑战，必须不断完善安全管理机制，才能更好地维护用户的信息安全❶。

第三节　云计算密钥管理与访问控制

一、云计算的密钥管理

（一）密钥管理基础

1. 密钥的主要类型

密钥是一种参数，用于将明文转换为密文或将密文转换为明文的算法。

（1）常见的密钥类型

第一，秘密密钥。秘密密钥也被称为对称密钥，主要用于对称加密算法的加解密操作、消息验证码或提供数据完整性的加密模式。在进行加密、解密、生成完整性校验值及验证完整性时，需要使用相同的密钥。

第二，公钥私钥。公钥私钥主要用于非对称加密、数字签名或密钥创建。私钥由密钥持有者秘密保管，而公钥则可以公开，供可信赖方使用以执行与私钥相反的加解密操作。虽然公钥机制灵活，但其加密和解密速度通常比对称密钥加密慢。因此，实际应用中常将两者结合使用。

（2）密钥的形态类型

第一，公有/私有创建密钥。公有/私有创建密钥主要用于保障各方密钥的安全创建。在密钥创建过程中，该密钥用于加密对称密钥和 TLS 客户端向服务器发送的随机秘密。它通常与认证密钥和签名密钥不同，但在某些设备中可能用于密钥建立和身份验证。此密钥一般在网络环境中使用，也用于存储数据的密钥创建，具有较长的使用周期。

第二，公有/私有认证密钥。公有/私有认证密钥主要用于一方对另一方的身份验证。它利用签名者生成的随机数和数据签名形成随机挑战，验证私钥持有者的身份，广泛应用于安全传输层协议（TLS）、虚拟专用网（VPN）和基于智能卡的登录系统。此密钥同样在网络环境中使用，并通常具有较长的使用周期。

---

❶ 宋静. 云计算环境中应用安全认证机制研究［J］. 黑河学院学报，2022，13（7）：182.

第三，对称加密/解密密钥。对称加密/解密密钥主要用于数据或消息的加密和解密。对于传输中的数据，此密钥的使用周期通常较短，每个消息或会话都可能分配一个不同的密钥。对于存储的数据，其使用周期与数据的机密性紧密相关。

第四，公有/私有签名密钥。公有/私有签名密钥的私钥用于消息或数据的数字签名，公钥用于验证签名。此密钥广泛应用于 S/MIME 消息签名、电子文档签名以及程序代码签名等场景。在某些情况下，签名密钥可能兼具身份验证和数据签名功能。此密钥也在网络环境中使用，并通常具有较长的使用周期。

第五，对称消息验证码密钥。对称消息验证码密钥主要用于保护数据的完整性。它可以通过对称加密算法和 MAC 计算模式、认证加密模式或基于散列的消息认证码实现。对于存储的数据，其使用周期与数据的机密性紧密相关。

2. 密钥的基本性质

密钥是控制密码变换运算的符号序列。为确保密码体制对明文信息的有效保护，抵抗破译者的攻击，密钥必须具备以下性质。

① 难穷尽性。密钥空间应足够大，确保即使在最先进的计算手段下，破译者也无法在短时间内穷尽搜索整个密钥空间。在云计算环境中，尽管计算资源丰富，但难穷尽性确保了破译者无法通过穷举法获取密钥。

② 随机性。密钥的选取必须是随机的，且在密钥空间中均匀分布。这意味着每个可能的密钥被选中的概率是相等的，且相互独立。这样的随机性降低了破译者通过猜测获得密钥的可能性，确保了密钥的安全性。

③ 易更换性。密钥必须能够方便地进行更换。定期更换密钥可以减少破译者通过长期观察和分析获得的信息量，从而降低密码被破解的风险。易更换性是确保密码体制持续安全的重要措施。

3. 密钥的状态管理

密钥的生命周期管理是信息安全领域的一个重要方面，特别是在云计算环境中，密钥的状态管理对于确保数据的安全性和合规性至关重要。

① 生成。对称密钥或非对称密钥对在需要时被创建。这一过程必须确保密钥的随机性和安全性，通常在受信任的安全环境中进行。

② 激活。当密钥准备好并可用于加密或解密操作时，它们被激活。对于公钥，激活通常发生在它被发布或达到其元数据指定的有效起始日期时。

③ 去活。当密钥不再需要用于保护数据时，它们会被去活。去活后的密钥可能会被销毁或归档，以防止未授权的使用。对于公钥，去活可能不是必需的，因为它可能在达到过期日期后自然失效，或者因为特定原因被挂起或吊销。

④ 挂起。密钥可能因为多种原因被挂起，如当密钥的安全性或持有者的状态不明确时。对于公钥，如果与其关联的私钥被挂起，相关的吊销信息将通过证书撤销列表（CRL）或在线证书状态协议（OCSP）通知给信任方。

⑤ 过期。密钥在预定的生命周期结束后过期。公钥的过期日期通常会在其

元数据中明确标识。

⑥ 销毁。当密钥不再需要时，无论是因为它们已经过期还是不再需要，它们应当被安全地销毁，以防止潜在的安全风险。

⑦ 归档。尽管密钥可能已经不再用于日常操作，但在某些情况下，它们可能需要被保留以用于未来的特定目的，如解密旧数据或验证数字签名。归档的密钥应当被安全存储，并在需要时能够被访问。

⑧ 吊销。吊销是指密钥因为某些原因被提前废弃的过程。吊销信息需要被明确地通知给所有信任方，以确保该密钥不再被用于任何安全操作。在具有 X.509 公钥证书的情况下，吊销信息可以通过 CRL 或 OCSP 响应来传播。对于秘密密钥，它们可能通过被列入特定的列表来被吊销。

通过这些状态的管理，组织可以确保密钥在其整个生命周期中得到适当的处理，从而维护系统的安全性和数据的完整性。随着技术的发展，密钥管理的最佳实践也在不断演进，以适应新的安全挑战和合规要求。

4. 密钥的管理功能

① 生成密钥。生成高质量密钥对于保障安全至关重要，应在已授权的加密模块中进行。

② 生成域参数。基于离散对数的加密算法在生成密钥前需先生成域参数，这些参数同样应在已授权的加密模块中生成。由于域参数的通用性，用户密钥生成时无须重复此步骤。

③ 绑定密钥和元数据。密钥通常与一系列元数据相关联，如使用时间段、使用限制、域参数以及安全服务。这一功能确保密钥与正确的元数据相关联。

④ 绑定密钥到个体。密钥与持有它的个体或其他实体的标识符相关联，这种绑定是密钥元数据的一部分，具有关键性。

⑤ 激活密钥。此功能将密钥设置为激活状态，通常与密钥生成同时完成。

⑥ 去活密钥。当密钥不再用于加密保护时，如密钥过期或被替换，需进行去活操作。

⑦ 备份密钥。为应对密钥意外损坏或不可用的情况，需进行密钥备份。私钥或秘密密钥的备份可能涉及密钥托管。

⑧ 还原密钥。当密钥因某种原因不可用且需要恢复时，可调用此功能。备份和还原通常适用于对称密钥和私钥。

⑨ 修改元数据。当与密钥相关的元数据需要更改时，如更新公钥证书的有效期，此功能将被调用。

⑩ 更新密钥。此功能使用新密钥替换旧密钥，旧密钥在此过程中扮演身份验证和授权的角色。

⑪ 挂起密钥。在某些情况下，如密钥持有者长期离开，可能需要暂时停用密钥。对于秘密密钥，可通过去活实现挂起；对于公钥和私钥，则通常使用公钥挂起通知来完成。

⑫ 恢复密钥。挂起的密钥在确认安全后可恢复使用。秘密密钥通过激活恢复，而公钥和私钥对则通过在吊销通知中删除公钥条目来恢复。

⑬ 吊销密钥。当公钥因各种原因（如私钥被攻破、密钥持有者停止使用等）需要停止使用时，需进行吊销操作。

⑭ 归档密钥。已去活、过期或被攻破的密钥需长期存储，以应对未来可能的需求。

⑮ 销毁密钥。当密钥不再需要时，应进行销毁处理。

⑯ 管理信任锚。信任锚是公钥基础设施中的关键元素，用于建立和维护公钥的信任。管理信任锚的功能涉及信任锚的信任目的确定，以及通过信任传递在其他公钥中建立信任。

综上所述，密钥管理涵盖了密钥生命周期的各个方面，从生成到销毁的每个环节都需严格控制和管理，以确保密钥的安全性和有效性。

（二）SaaS 密钥管理

SaaS 为用户提供了访问云服务提供商托管的应用程序的能力。用户可以与这些应用程序进行安全交互，通过创建安全会话和采用强身份认证机制，并根据其分配的权限和角色使用各种应用功能。同时，一些 SaaS 用户希望以加密形式存储应用程序生成和处理的数据，这主要是为了防止因云服务提供商存储媒体丢失而导致的企业数据泄露，以及防止其他 SaaS 用户或云服务提供商对数据的窥探。尽管 SaaS 提供商提供了用户与应用程序的安全交互功能，但数据的加密存储目前仍需要 SaaS 用户自行负责。

1. SaaS 的安全能力

SaaS 的安全能力，主要如下：

① SaaS-SC1。与应用程序建立安全交互。

② SaaS-SC2。以加密形式存储应用程序数据，无论是结构化数据还是非结构化数据。

2. SaaS 的解决方案

① 在 SaaS-SC1 方面，具备此安全能力的解决方案与具有相似安全能力的 IaaS 解决方案面临相同的密钥管理挑战。

② 在 SaaS-SC2 方面，主要存在以下操作场景。

第一，全数据库加密。此时云服务提供商需具备加密能力，对所有字段进行加密。

解决方案：SaaS 提供商将物理存储资源划分为逻辑存储块，并为每个存储块集合分配不同的加密密钥。

密钥管理挑战：由于所有加密密钥由 SaaS 提供商控制，这可能导致无法有效抵御内部威胁，除非采取额外安全措施。

此外，不同用户的数据可能存储在同一个存储块中并使用相同密钥加密，缺乏加密隔离。管理大量加密密钥也是一个挑战，可能需要多个密钥管理服务器或 HSM 分区。

第二，数据库字段的选择性加密。用户可以根据需要选择加密特定的字段，这些加密操作由用户端（客户端）负责。

解决方案：在用户企业网络中部署加密网关，作为反向代理服务器监控应用程序流量。加密网关根据预设规则对选定字段进行实时加密和解密。

密钥管理挑战：加密网关可能需要管理多个密钥以支持不同字段的加密。这些密钥完全由用户管理和控制，需要依靠企业内部的密钥管理政策和措施来保护。

（三）IaaS 密钥管理

1. 虚拟机密钥管理

在基础设施即服务（IaaS）模式下，用户能够从云服务提供商处租用虚拟机，并在这些虚拟机上部署和管理自己的计算资源。用户在获取 IaaS 提供商预先创建的虚拟机镜像时，需要进行身份验证，以确保镜像的来源是合法授权的云服务提供商，并且镜像文件未被篡改。一旦用户完成虚拟机的配置，这些虚拟机就会在云服务提供商的基础设施上启动，成为活跃的虚拟机实例。虚拟机的启动以及其整个生命周期中的操作都是通过 IaaS 用户访问虚拟机管理器的管理接口来执行的。在与虚拟机实例交互时，IaaS 用户必须采取安全措施以保证交互的安全性。这些操作，包括虚拟机的提取、生命周期管理和安全交互，都由具有相应服务级别的 IaaS 用户管理员负责执行。

① IaaS 的安全能力，包括以下内容。

第一，IaaS-SC1。验证云服务提供商预定义的虚拟机镜像模板，以创建满足云用户需求的自定义虚拟机实例。

第二，IaaS-SC2。验证用户发送到云服务提供商虚拟机管理器中的虚拟机管理接口的 API 调用。

第三，IaaS-SC3。确保虚拟机实例的管理操作通信安全。

② 解决方案及管理挑战。

第一，IaaS-SC1 解决方案：云服务提供商可以对虚拟机镜像模板进行数字签名，以确保其可信性和完整性；用户可以通过计算加密散列值或使用基于加密的消息认证码机制来验证镜像的完整性。

密钥管理挑战：需要确保用于签名的私钥的安全存储和使用，同时公钥需要通过可信的方式提供给用户。

第二，IaaS-SC2 解决方案：用户可以使用公私钥对 API 调用进行签名，并通过公钥证书将公钥与用户身份绑定，以实现对 API 调用的验证。

密钥管理挑战：用户必须保护用于 API 调用签名的私钥，防止私钥泄露或被滥用。

第三，IaaS-SC3 解决方案：使用 SSH 协议为虚拟机实例提供安全的远程访问机制，确保用户身份验证的安全性。

密钥管理挑战：用户需要使用企业级安全机制来管理 SSH 私钥，而会话密钥通常是临时生成的，不需要长期管理。

在 IaaS 环境中，服务级管理员负责从云服务提供商处提取预定义的虚拟机镜像（利用 IaaS-SC1），根据用户需求定制虚拟机镜像，并在云服务提供商的虚拟机管理器中安全地启动虚拟机（利用 IaaS-SC2）。随后，管理员与虚拟机实例进行安全交互，以实现虚拟机的配置管理（利用 IaaS-SC3）。应用级管理员则在虚拟机实例上安装和配置服务器、应用程序运行环境以及应用程序的可执行文件。在实践中，服务级管理员通常也承担应用级管理员的职责，并使用 SSH 技术和密钥来确保应用级管理的安全性。

2. 应用程序密钥管理

在基础设施即服务（IaaS）模式下，当应用程序部署在 IaaS 用户租用的虚拟机上运行时，最终用户需要能够安全地与这些应用程序进行交互。这种交互通常通过建立安全对话和实施强化的身份认证机制来实现，确保用户可以根据分配的权限和角色安全地使用应用程序提供的各种功能。

IaaS 用户包括服务级管理员、应用级管理员和最终用户，他们都需要访问数据存储服务来管理不同类型的数据。这些数据主要包括静态数据和应用程序数据。静态数据涉及应用程序源代码、相关数据、存档数据和日志，而应用程序数据则包括应用程序产生和使用的结构化数据（例如数据库中的数据）和非结构化数据（如图像、音频、视频文件等）。

① 为了保障最终用户与 IaaS 之间的安全交互，IaaS 应具备以下安全能力。

第一，IaaS-SC4。确保在云服务使用过程中，在最终用户虚拟机实例上运行的应用程序实例的通信安全。这通常通过使用传输层安全（TLS）协议来实现，该协议允许服务实例和用户之间创建安全的会话密钥，用于加密通信和消息认证。

第二，IaaS-SC5。安全地存储应用程序的静态数据。云服务提供商应提供安全的文件存储服务，以便用户可以存储应用程序的源代码、相关数据、虚拟机镜像、归档数据和日志。

第三，IaaS-SC6。利用数据库管理系统（DBMS）安全地存储应用程序的结构化数据。用户可以通过定制 DBMS 实例的配置来满足业务和安全需求。数据库级加密或用户级加密允许在不同级别对数据进行加密，以确保数据的机密性。

第四，IaaS-SC7。安全地存储应用程序的非结构化数据。这通常需要存储级加密，以确保数据在存储和传输过程中的安全性。

② 解决方案及其密钥管理挑战。

IaaS-SC4 解决方案：使用 TLS 协议建立安全对话，需要为服务实例和客户端生成非对称密钥对。

密钥管理挑战：如何安全地生成、存储和分发这些密钥。

IaaS-SC5 解决方案：云服务提供商提供的安全文件存储服务应允许用户在上传数据前自行加密，客户端的对称密钥由用户管理，而服务端的密钥由云服务提供商的密钥管理系统管理。

IaaS-SC6 解决方案：数据库级加密或用户级加密允许在列级别、表级别对数据进行加密。

密钥管理挑战：如何根据用户角色安全地映射会话权限到相应的密钥，并从密钥存储设施中检索密钥。

IaaS-SC7 解决方案：透明数据加密（TDE）或外部加密工具用于在存储级别保护数据库。

密钥管理挑战：如何安全地管理和控制数据库加密密钥（DEK），并确保 DEK 的存储位置与数据库实例分离。

（四）PaaS 密钥管理

PaaS 的主要目标是为用户提供计算平台和开发工具，以便他们能够开发和部署应用程序。对于用户而言，尽管他们了解承载这些开发工具的底层操作系统平台，但通常无法控制底层平台的配置和操作环境。用户使用这些工具来开发定制化的应用程序时，在开发过程中可能还需要一个存储基础设施来存放应用程序数据和各类静态数据。关于 PaaS 的安全能力，可以概括为以下几方面。

第一，PaaS-SC1。与部署的应用程序和开发工具实例建立安全的交互机制，确保数据传输和交互的安全性。

第二，PaaS-SC2。能够安全地存储静态数据，即那些不直接由应用程序处理的数据，保障其机密性和完整性。

第三，PaaS-SC3。利用数据库管理系统（DBMS）以结构化的方式安全地存储应用程序数据，确保数据的结构化存储和访问安全。

第四，PaaS-SC4。针对非结构化的应用程序数据，提供安全存储机制，以适应不同类型和格式的数据存储需求。

虽然 PaaS 的安全能力与某些 IaaS 的安全解决方案（如 IaaS-SC4、IaaS-SC5、IaaS-SC6 和 IaaS-SC7）在功能上有相似之处，但它们在具体实现和所面临的挑战上可能存在差异。因此，不能简单地将它们的密钥管理挑战等同起来。在实际应用中，需要针对 PaaS 的特点和具体需求来制定相应的密钥管理策略，以确保数据的安全性和完整性。

二、云计算数据的访问控制

（一）结合属性签名的访问控制

1. 匿名认证方案

属性签名扩展了身份基签名，在身份基签名中，用户的身份是用一个单独的字符串表示的，如用户的姓名、身份证号、电话号码等。而在属性基签名中，签名者的身份则是通过一个属性集合来描述。用户从属性权威处获得这个属性集合的属性私钥，并用它来签署消息。如果签名有效，验证者可以确信签名者的属性满足了声明策略，而无需知道签名者的具体身份。目前，属性签名在诸多场景中发挥着重要作用，如匿名认证等。

① 方案定义。以车联云为例，路边的 RSU、车内的 OBU 及网络组成实时的互联系统，实现车车协同和车路协同等应用。其中，车路协同结合云计算服务，使车辆能够使用丰富的车载服务，包括停车收费、多媒体共享等。

第一，中央机构。作为可信的第三方，负责为系统建立系统公钥和系统主密钥。同时，中央机构管理着一组域机构 AA，这些 AA 负责为用户分配属性，并生成相应的属性私钥。

第二，数据所有者。使用访问策略来加密数据，并定义修改数据时用户属性必须满足的修改策略。之后，将密文上传到云平台。

第三，云平台。作为半可信的第三方，用于存储数据所有者上传的数据。云平台还负责为用户执行部分解密密文的操作，并验证用户属性是否满足密文的修改策略。

第四，用户。如果其属性满足密文的访问策略，则能够恢复出数据密钥，进而使用数据密钥解密出数据明文。同时，如果用户的属性满足密文的修改策略，则可以修改云平台中存储的数据。

② 方案构造。

第一，系统设置。中央机构运行 Setup 算法，选择阶为素数 p 的双线性群和生成元 g，以及双线性映射 e。随机选择系统公钥 PK 和系统主密钥 MK，并定义哈希函数。

第二，域机构设置。针对每个域机构 AA，中央机构运行 CreateAA 算法，选择随机的属性私钥，并为 AA 管理的每个属性生成相应的参数。

第三，密钥生成。针对每个用户，其所属的域机构运行 KeyGen 算法，根据用户的属性集合生成私钥。

第四，数据加密。数据所有者针对数据 M，先使用对称加密算法 SE 加密数据，得到加密后的数据。然后，定义数据的访问结构，并使用云平台的 Cloud. Encrypt 算法进行外包加密。云平台运行 Cloud. Encrypt 算法，针对访问结构树的每个节点选择相应的多项式参数。最后，输出外包加密密文 CT。

第五，数据解密。当用户需要访问数据时，云平台先验证数据的来源和完整性。然后，根据用户的属性和私钥，执行解密操作，最终恢复出数据明文 M。

2. 密文更新方案

密文更新方案在保护数据隐私和实现数据动态管理方面发挥着重要作用。在多种应用场景中，如云计算、电子医疗、车载网络和物联网等，用户可能需要在不泄露真实身份的情况下进行认证和数据更新。基于属性签名的密文更新方案正是为了满足这种匿名认证和数据管理需求而设计的。

在这种方案中，用户在修改密文后，需要对更新后的密文进行签名。这个签名必须满足密文中定义的更新策略，云平台才会接收并更新该密文。这样的机制确保了数据的安全性和更新的合法性，同时保护了用户的隐私。

密文更新方案的主要步骤如下。

① 更新签名。数据所有者先定义数据的更新结构，以控制数据的修改权限。云平台利用外包密钥运行 Cloud.Sign 算法，确保只有属性符合更新结构的用户才能修改云存储服务器中的密文数据。

通过为更新结构树中的每个节点选择次多项式，构建访问结构树，并为根节点 R 随机选择一个值。对于访问结构树中的其他节点，根据其子节点的属性定义相应的值。定义 Z 为更新结构树中的叶子节点集合，并输出全局密钥。

② 签名验证。云平台运行 Verify 算法来验证用户的属性是否满足数据所有者定义的更新结构。云平台先运行 VerifyNode 递归算法，该算法输入密文 ST、全局密钥 GK 和更新结构树中的节点。如果节点是叶子节点，算法将节点的属性值设为 attrx；如果节点不是叶子节点，算法将根据其子节点的属性值和相应的次多项式计算该节点的值。通过这一过程，云平台能够验证用户的签名是否合法，并决定是否更新密文数据。

在实施密文更新方案时，必须确保算法安全和高效。这包括确保更新结构的正确实现、全局密钥的安全管理以及签名验证算法准确。方案的设计还应考虑到实际应用中的性能要求，确保数据更新操作既安全又高效。

3. 属性签名算法

基于属性签名（ABS）的方案是数字签名领域中的一项创新，代表了密码学基本概念的最新发展。ABS 方案是对基于身份的签名（IBS）方案的重要扩展。在传统的 IBS 方案中，签名者的身份信息通常由单一标识符表示；在 ABS 方案中，签名权的授予是基于签名者拥有的一系列属性的集合。这种机制允许用户从中央机构获取其属性，并生成用于签名的私钥。

（1）属性签名的算法

第一，系统初始化算法。输入安全参数，输出系统公钥 PK 和主密钥 MK。

第二，密钥生成算法。输入系统主密钥 MK 和用户的属性集合 S，为用户生成属性私钥 SK。

第三，签名算法。输入系统公钥 PK、明文 M、属性私钥 SK 和声明策略 P，生成签名 ST。

第四，验证算法。输入明文 M、声明策略 P 和签名 ST，验证签名的有效性。如果签名者的属性满足声明策略，则签名验证成功。

（2）属性签名的安全性条件

第一，抗合谋攻击。用户的属性集合通常由多个属性组成，不同用户可能通过合谋来生成新的属性集合，并尝试获取相应的私钥。ABS 方案必须能够抵御合谋攻击，确保即使合谋用户也不能伪造出他们无法满足的属性集合的签名。

第二，不可伪造性。ABS 方案应保证，任何不能满足声明策略的用户都无法伪造出有效的属性签名。通过这些机制，ABS 方案为数字签名提供了一种灵活且安全的身份验证方法，适用于多种应用场景，如数据访问控制、版权保护和电子投票等。随着技术的不断进步，ABS 方案有望在保障个人隐私和数据安全方面发挥更大的作用。

（二）属性加密的改进方案及访问控制

1. 基于 KP-ABE 方案的访问控制

基于 KP-ABE 的方案提供了一个在云环境中安全且可扩展的细粒度访问控制系统。在该方案中，不存在权威中央机构，所有权威的职责均由数据所有者承担。该方案结合了标准的 KP-ABE 机制和代理重加密技术，支持文件的创建、删除，以及用户的加入和撤销操作。在后续描述中，除非特别指明，否则用 Setup、KeyGen、Encrypt 以及 Decrypt 这四个符号来代表 ABE 机制中的四个基本算法。

① 文件创建与删除。数据所有者在将文件上传至云服务器前，需执行以下步骤：

第一，为文件分配一个唯一 ID。

第二，从密钥空间中随机选择一个对称加密密钥 DEK，并用其加密文件。

第三，定义文件的属性集 I，并使用 KP-ABE 机制通过 Encrypt 算法加密 DEK，生成密文 CT。文件删除时，数据所有者将文件 ID 及其签名发送至云服务器，若验证成功，则服务器将删除该文件。

② 新用户加入。新用户加入系统时，数据所有者执行以下操作：

第一，为新用户分配唯一身份标识，并设置访问结构 A。

第二，运行 KeyGen 算法，为用户生成私钥 SK。

第三，使用用户公钥加密 A、SK、PK，生成密文 C。

第四，将 T、C 发送给云服务器，其中 T 为用户 ID，C 为加密后的访问结构。云服务器在收到 T、C 后，执行这些操作：a. 验证签名，若正确，则继续下一步；b. 将 T 存储至用户列表 UL 中；c. 将 C 发送给用户，用户收到 C 后，使用私钥解密，并验证签名。若验证通过，将 A、SK、PK 作为访问结构、私钥和系统公共参数保存。

③ 属性撤销。属性撤销阶段包含四个算法：AMinimalSet、AUpdateAtt、AUpdateSK 和 AUpdateAtt4File。AMinimalSet 用于确定需要更新的最小属性集；AUpdateAtt 用于更新系统主密钥和公共参数组件，生成代理重加密密钥；AUpdateSK 用于更新用户私钥中的相关组件；AUpdateAtt4File 用于更新密文中的相关组件。

在执行属性撤销时，数据所有者先运行 AMinimalSet 算法，然后生成代理重加密密钥并更新系统密钥。接着，将撤销用户 ID、最小属性集、代理重加密密钥及签名发送给云服务器。云服务器更新用户列表 UL，并存储代理重加密密钥至属性历史列表 AHL 中。这一设计允许方案应用惰性重加密技术，以节省计算和通信资源。当用户请求数据访问服务时，云服务器更新用户私钥和密文中的相关组件，用户使用更新后的私钥解密数据文件。

为减轻用户和数据所有者的计算负担，私钥更新和密文更新任务委托给云服务器执行。云服务器虽不完全可信，但通过引入 dummy 属性 ATTD，云服务器仅存储 SK 中除 ATTD 外的组件，可加强用户私钥的保密性。该方案的加解密复杂度与属性数量相关，而非用户数量，因此具有良好的可扩展性。该方案在标准模型下可证明是安全的。

2. 基于 CP-ABE 方案的访问控制

基于 CP-ABE 的方案是一个采用 CP-ABE 机制的细粒度云存储访问控制方案，该方案在系统中引入了权威角色。权威角色分担了数据所有者的部分工作，负责为系统中的用户分发属性密钥，从而实现了用户和数据所有者之间的非交互关系。在这种机制下，数据所有者无须知道用户的身份，仅需负责加密密文和制定密文的访问策略，这大大减轻了数据所有者的负担。

由于数据所有者将密钥分发和撤销的工作交由权威来执行，这就要求权威是完全可信的，这对权威的可信度提出了较高要求。该方案基于标准的 CP-ABE 机制，其中的访问策略采用了更具表达性的 LSSS（线性秘密共享方案）结构，并通过为每个属性分配一个版本号来实现用户属性的撤销功能。

（三）基于属性广播加密的访问控制

基于属性的广播加密（ABBE）是一种先进的加密技术，它允许数据所有者向具有特定属性集的用户组发送加密消息，实现一对多或多对多的通信。在这种方案中，用户的私钥不仅与其身份信息相关联，还与其属性相关联。只有当用户属于广播授权的用户组，并且用户的属性满足预定义的访问结构时，用户才能解密密文。

1. 方案组成

① 中央机构。作为可信的第三方，负责为系统中的用户分配属性，并根据用户的属性集合生成属性私钥。

② 用户。希望访问数据的实体。用户使用从中央机构获得的属性私钥来生成凭证密钥 TK，并将其发送给云平台，以便后续执行外包解密操作。

③ 云平台。提供半可信的云存储服务，负责存储数据所有者上传的加密数据，并执行外包解密工作，以减轻用户的计算负担。

④ 数据所有者。希望利用云平台的存储服务来保护数据隐私。数据所有者使用混淆后的属性策略和接收者列表来加密数据，然后将密文上传到云平台。

2. 方案结构

① 系统设置。中央机构运行 Setup 算法，选择双线性群并生成系统公钥 PK

和主密钥 MK。

②　密钥生成。中央机构为用户生成属性私钥 AK，用户随后生成凭证密钥 TK 并发送给云平台。

③　数据加密。数据所有者定义访问结构 T，使用 Encrypt 算法加密数据 M，并将加密后的密文 CT 上传到云平台。

④　数据外包解密。云平台根据用户的凭证密钥 TK 计算混淆后的属性集合，并执行 PartDec 算法进行部分解密。

⑤　数据解密。用户使用属性私钥 AK 对云平台返回的部分解密结果进行最终解密，以获取原始数据 M。

在 ABBE 方案中，安全性和效率是关键考虑因素。方案必须确保只有授权用户的属性集合能够满足访问结构，从而解密数据。同时，方案应尽量减少计算开销，以便用户和云平台可以高效地处理加密数据。

第四节　云计算的安全技术及其管理

一、云计算安全模型与服务体系

（一）云计算架构安全模型

云计算安全技术是信息安全在云计算领域的扩展和创新研究领域。它需针对云计算的安全需求，从云计算架构的各个层次出发，结合传统安全手段与云计算定制的安全技术，以大幅降低云计算的运行安全风险。

研究云计算安全问题的基础是建立云安全体系架构。安全体系架构定义为一种人为设计产物，它描述了如何应用安全控制（即安全策略）以及它们与整个 IT 体系结构的关系。这些控制措施旨在维护系统的质量属性，包括机密性、完整性、可用性、可说明性和可靠性。

云计算的最终目标是构建 IT 即服务，使各类用户可以随时获得所需的 IT 资源，而云计算安全的目标是确保这种资源服务能够可靠、有保障地交付至用户。根据 NIST 对云计算的通用定义，云架构安全模型涵盖了 IaaS、PaaS、SaaS 三类服务方式，以及公有云、私有云、社区云和混合云四类部署方式，从用户、企业、法规机构和云服务提供商的角度对云计算运行过程中的安全问题和关键技术进行了描述。在 IaaS、PaaS、SaaS 三类服务提供方式中，云服务提供商提供的服务级别越低，云用户所要承担的配置工作和管理职责就越多。为了实现云计算安全目标，用户除结合云服务提供商的自有安全支撑服务外，有时还需要从第三方实体获取身份管理、认证、授权等能力。

云架构安全模型的各层次安全关注点如下。

第一，应用程序安全。关注已经处于云中的应用程序的安全。可以使用软件开发生命周期管理、二进制分析、恶意代码扫描等手段对应用程序进行安全检测，同时可采取 WAF 应用防火墙、事务安全等技术保证应用程序安全。

第二，数据安全。用于保证用户业务数据信息不被泄露、更改或丢失。使用数据泄露防护技术、能力成熟度框架、数据库行为监控、密码技术等手段保证信息的机密性、完整性等安全属性。

第三，管理安全。通过公司治理、风险管理及合规审查，使用身份识别与访问控制、漏洞分析与管理、补丁管理、配置管理、实时监控等手段实现管理安全。

第四，网络安全。通过基于网络的 IDS/IPS、防火墙、深度数据包检测、安全 DNS、抗 DDoS 攻击网关、QoS 技术和开放的 Web 服务认证协议等手段实现网络层面的安全。

第五，可信计算。使用软硬件可信根、可信软件栈、可信 API 和接口保证云计算的可信度。

第六，计算/存储安全。通过基于主机的防火墙、基于主机的 IDS/IPS、完整性保护、审计/日志管理、加密和数据隐蔽等手段实现计算/存储安全。

第七，硬件安全。通过物理位置安全、闭路电视、安保人员等在硬件层面上确保安全。

第八，终端与接入安全。确保云用户接入云计算环境的安全性，包括瘦/胖客户端的用户认证方式、网络接入控制机制、操作系统及应用程序补丁安装、病毒库升级等。

第九，连接安全。确保用户至云计算环境边缘的网络连接的安全性，主要包括请求、响应数据在传输过程中的机密性、完整性、不可否认性等。因为信息在穿越复杂的网络环境时很可能遇到各种异常情况，因此确保云计算环境与用户的安全连接非常重要。

第十，边界安全。云边界安全是传统数据中心边界防护的继承和扩展，除原有防火墙、入侵检测、安全审计外，还应有流量清洗、内容审计、负载均衡等安全机制，同时结合虚拟化交换机、虚拟化网关等软硬件设备实施相应的访问控制。

第十一，内网安全。内网安全包括局域网安全和安全管理。局域网安全措施有区域访问控制、主机综合安全防护、漏洞扫描、补丁加固等；安全管理的内容包括服务器状态监测、威胁防御、安全事件处理、信息安全策略分发执行、安全防护手段配置部署等，云计算安全管理的目标是增强云运行环境的有效性和可靠性，同时确保云中的安全措施得到实施。

（二）云计算支撑体系与安全服务体系

1. 云计算安全支撑体系

云计算安全支撑体系为云计算安全服务体系提供了不可或缺的技术与功能

支撑。

①　密码基础设施。作为云计算安全服务中的关键组成部分，该设施专门用于支撑密码类应用。它提供了密钥管理、证书管理、对称/非对称加密算法、散列码算法等一系列功能，确保了云计算环境中数据的安全传输和存储。

②　认证基础设施。认证基础设施主要承担用户基本身份管理和联盟身份管理两大功能。它为云计算应用系统提供了统一的身份创建、修改、删除、终止、激活等操作，并支持多种类型的用户认证方式，实现了认证体制的融合。完成认证后，通过安全令牌服务签发用户身份断言，为应用系统提供可靠的身份认证服务。

③　授权基础设施。授权基础设施主要用于支持云计算环境内细粒度的访问控制。它实现了访问控制策略的统一集中管理和实施，满足了云计算应用系统灵活的授权需求。同时，它确保了安全策略的高强度防护，维持了策略的权威性和可审计性，保障了策略的完整性和不可否认性。

④　监控基础设施。通过部署在云计算环境中的虚拟机、虚拟机管理器、网络关键节点的代理和检测系统，该设施为云计算基础设施运行状态、安全系统运行状态以及安全事件的采集和汇总提供了有力支撑，有助于及时发现和应对潜在的安全威胁。

⑤　基础安全设备。基础安全设备主要用于为云计算环境提供基础安全防护能力，包括网络安全和存储安全设备。例如，防火墙、入侵防御系统、安全网关等设备能够有效抵御外部攻击，而存储加密模块则能保护数据的机密性和完整性。

2. 云计算安全服务体系

云计算安全服务体系由一系列服务构成，旨在提供满足云用户多样化安全需求的服务平台环境。根据所属层次的不同，这一体系可细分为云基础设施安全服务、云安全基础服务以及云安全应用服务三类。

①　云基础设施安全服务，作为整个云计算体系安全的基石，为上层云应用提供安全的计算、存储、网络等 IT 资源服务。它不仅需要能抵挡外部恶意攻击，还要向用户证明云服务提供商对数据与应用具备安全防护和安全控制能力。

在物理层，需考虑计算环境安全；在存储层，涉及数据加密、备份、完整性检测及灾难恢复等；在网络层，需关注拒绝服务攻击、DNS 安全、IP 安全及数据传输机密性等问题；在系统层，涵盖虚拟机安全、补丁管理及系统用户身份管理等；在应用层，需注重程序完整性检验与漏洞管理。

此外，云平台需展示其数据隐私保护与安全控制能力，如证明用户数据以密文保存，并确保数据文件的完整性。由于用户需求各异，云平台应提供不同等级的云基础设施安全服务，以满足不同防护强度、运行性能及管理功能的需求。

②　云安全基础服务，位于云基础软件服务层，为各类云应用提供信息安全服务，是支撑云应用满足用户安全目标的关键。这包括：云用户认证服务，实现

身份联合和单点登录，减少重复认证开销，同时确保用户数字身份隐私；云授权服务，涉及将传统访问控制模型与授权策略语言标准扩展后移植入云计算环境；云审计服务，为明确安全事故责任提供必要支持，确保云服务提供商合规性；云密码服务，简化密码模块设计与实施，规范密码技术使用，以便于管理。

③ 云安全应用服务与用户需求紧密结合，种类繁多。典型应用包括 DDoS 攻击防护、僵尸网络检测与监控、Web 安全与病毒查杀、防垃圾邮件等。云计算的超大规模计算与海量存储能力，可大幅提升安全事件采集、关联分析、病毒防范等方面的性能，通过构建超大规模安全事件信息处理平台，提升全局网络的安全态势感知与分析能力。此外，利用海量终端的分布式处理能力实现安全事件的统一采集与并行分析，可显著提高安全事件汇聚与实时处置能力。

二、云计算数据安全技术

第一，数据备份与恢复。数据备份可以将数据复制到不同的地理位置，以防止数据丢失或损坏。而数据恢复则可以在数据丢失或损坏时，将备份的数据恢复到原始状态。通过数据备份与恢复，可以保证数据的可用性和完整性，防止数据的丢失和损坏。

第二，安全监控与审计。安全监控可以实时监测云计算环境中的安全事件和威胁，及时发现并应对安全问题。而安全审计可以对云计算环境中的操作和事件进行记录和审计，以便后续的安全分析和调查。安全监控与审计可以提高对云计算环境中数据安全的感知和应对能力，保护数据的安全性。

三、云计算数据安全管理

（一）云计算的安全共享机制

云计算作为一种新兴的信息技术服务模式，已被广泛应用于各行各业。随着云计算能力的增强，硬件成本大幅降低，应用范围得到扩展，适用于多种服务场景。然而，云计算的广泛应用也带来了信息安全风险的挑战。为了应对这些风险，必须加强数据安全保护措施，确保数据安全，防止信息泄露。

在云计算环境中，操作权限的管理机制是确保共享机制安全运行的关键。通常，对数据的浏览和下载会设置权限，而对上传数据的限制较少。这意味着普通用户可以上传非违法信息至云计算管理平台，以满足用户需求。不同权限的用户在获取信息时会有所差异，且云计算管理平台通常基于用户的数据信息和显性参数进行信息查询和匹配，以确保数据的安全性和可靠性。尽管如此，云计算在实际操作中可能因过度依赖自身的计算能力而忽视了硬件基础设施的重要性。

为了简化系统识别过程并提高权限用户显性参数识别的效率，用户系统必须实现有效的冗余并降低硬件设施的工作量。例如，权限识别系统需要能够在短时间内处理大量用户标签并保护共享内容。如果硬件设施不达标，可能无法有效识别和保护共享信息，从而导致未授权用户利用管理漏洞访问敏感数据。

1. 安全共享机制的加密算法

安全共享机制的加密算法通常包括以下关键部分：

① 私人密钥。用户设置的个人账号和密码，其安全程度直接影响账户的安全性。为了提高安全性，平台通常会对密码设置提出要求，如最小长度、特殊字符等，并采取相应措施，如限制登录尝试次数，以防止恶意盗取用户信息。

② 公共密钥。通常由权限较高的用户使用。在多人共享一个账户时，需要通过单向函数确保所有用户都能正确使用账户权限。

③ 密文二次加密。为了防止数据库被侵入和账号被盗用，对密文进行二次加密是一种有效的预防措施。这意味着在文件上增设一个额外的密钥识别系统，类似于一个加密保险箱，只有具有权限的用户才能打开。

2. 安全共享机制的加密方法

信息加密是一个复杂的过程，需要考虑密文加密的时效性和周期性，以及与平台第一层加密方式的差异性。现有的加密方法主要如下：

① 数据加密标准。一种广泛使用的加密算法，以其成熟性和高兼容性著称。

② 数字签名算法。通过数字签名提高安全性，防止暴力和技术分析破解。

③ 非对称算法体系。通过加长密钥长度提高安全性，有效抵抗非法侵入。

为了提高云计算环境下的安全共享机制的安全性，需要加强基础防范意识，细化权限管理，并采用更加成熟和多样化的加密技术。通过这些措施，可以有效提高云计算管理平台的数据安全性，防止信息泄露和未授权访问。

（二）云计算数据的安全存储

云计算管理平台通过其安全的数据服务模型，为用户提供了数据存储和检索服务。该模型由用户交互接口、云端和客户端三个主要部分组成。云端进一步细分为节点、控制中心和数据池。整个服务流程包括用户上传数据到云端和用户从云端下载数据两个阶段。

第一，用户上传数据到云端。用户可以通过数据加密技术将数据从客户端安全传输至用户交互接口。即使数据传输过程发生中断，用户也能够在重新开始上传时继续之前的操作。数据通过用户交互接口进入云端，并在负载均衡策略的指导下，由控制中心服务器将数据分配到具有存储能力的节点上。若云端存储空间已满或数据需要在数据库中长期存储，数据将被转存，以完成上传过程。

第二，用户从云端下载数据。当用户请求下载数据时，用户交互接口会将这一请求传达给控制中心服务器。控制中心服务器随后定位数据所在的节点，并在找到数据后将其高速缓存，以便快速传输给用户。如果缓存未命中，服务器会在内部进行数据查找，并将找到的数据传输给用户。在下载过程中，如果发生中断，用户可以在找到中断的起始点后继续下载。用户最终可以通过相应的解密技术对接收的数据进行解密，从而完成整个下载过程。

1. 数据安全存储设计

在云计算环境中，数据安全存储设计是确保用户数据保密性、完整性和可用性的关键。用户在与云端和本地数据进行交互时，通常会采用数据加密技术，以保障数据在上传和下载过程中的安全性。这样，即使数据在传输过程中被截获，未经授权的第三方也无法解密和访问数据内容。

① 数据的动态加密与解密技术。为了确保数据传输的安全性，可以采用动态生成的 DES 密钥结合 RSA 加密的方法。加密流程的步骤主要包括：a. 设定一个固定大小的数据分段，对不足部分用零填充；b. 对每个数据分段使用 DES 加密算法进行加密，每次加密使用随机生成的 DES 密钥；c. 使用 RSA 算法对 DES 密钥和加密后的数据进行再次加密，形成最终的密文。这种双重加密方法大幅提高了数据传输的安全性，同时结合了 DES 的高效性和 RSA 的高安全性。

② 个人用户数据的存储。公有云服务提供商通常会采取数据备份和转储等措施，以预防用户个人数据的丢失。这些措施仅针对用户实际需要的数据，以避免不必要地存储数据，从而保护用户隐私。尽管公有云的运行环境安全性是用户选择其服务的一个重要因素，但并非所有人都对公有云的信息安全性充满信心。因此，私有云应运而生，特别是对于那些拥有高度机密数据文件的企业而言。私有云通常由企业内部的高性能服务器作为控制中心，其他计算机则作为私有云的节点。用户可以通过备份或转储等方式保存常用数据，以防数据丢失。

2. 数据传输中断后的处理

在数据传输过程中，由于断电或其他突发状况，数据传输可能会中断。为了妥善处理这种情况，确保数据的完整性和一致性，云端系统通常具备一定的原子性，以保证已成功接收的数据被保存，而未成功接收的数据则保留在发送端，以便重新传输。

当数据传输中断时，可以通过特定的协议和机制来恢复传输。例如，TCP 协议通过序列号和确认应答（ACK）机制来确保数据的可靠传输。如果接收端成功接收一个数据包，它会向发送端发送一个 ACK。如果发送端在一定时间内没有收到对应的 ACK，它会假定该数据包丢失，并从最后一个成功确认的数据包的序列号处重新开始传输。

对于加密数据，处理中断的流程可能涉及解密步骤。发送端在重新传输数据之前，可能需要根据之前的加密算法来解密已接收的数据包，以确定中断的确切位置。通过解密并分析数据包中的信息，发送端可以确定未成功传输的数据包的序列号，并从正确的位置继续传输。

具体来说，发送端可以通过以下步骤来处理上传中断的情况：

第一，读取已接收的数据包。

第二，使用 RSA 算法解密数据包，以获取用于 DES 加密的随机密钥。

第三，使用 DES 算法解密密文，恢复原始数据。

第四，分析原始数据，提取数据包的数量（N）。

第五，从（$N+1$）×每包字节数的位置开始，继续发送剩余的数据。

通过这种方式，即使在数据传输过程中出现中断，也能够确保数据传输的连续性和完整性，从而提高整体的系统可靠性。随着云计算技术的不断进步，这些数据处理和恢复机制将变得更加高效和安全。

3. 云端数据总体设计

云计算管理平台的数据安全存储是确保用户信息安全的核心环节。在云计算服务模型中，数据中心主要用于存储用户的个人信息数据，而客户端则作为数据的来源。数据中心的计算能力并非其主要功能，而是依赖于云端的计算资源。通过应用加密技术和数据备份等安全措施，数据池确保了用户数据的安全性。数据池对于外部环境而言是无用的，因此可以在云端外的任何存储空间中安置，以物理隔离增强安全性。与数据池不同，云端的节点需要设计具备安全性的框架和结构。

① 节点及其控制中心的框架设计和 Cache 设计。云计算的高伸缩性要求节点框架设计必须支持即时启动、动态资源回收与分配。星型拓扑结构因其中心化控制和易于管理的特点，常被用于安全数据存储云的节点框架设计。在这种结构中，除了控制中心节点外，所有节点都受到控制中心的管理和分配。用户通过用户接口将数据传输到云端，控制中心接收作业请求，分析处理后，将任务分配给相应的节点。控制中心充当用户接口与节点之间的中介，节点在 Cache 策略下进行设计，以提高数据处理效率。

② 节点之间的负载均衡机制。云端的节点在任务数量、复杂度和性能方面存在差异。负载均衡机制确保所有节点都能根据其性能和当前任务负载得到合理分配的任务。控制中心根据任务的运算需求和节点的运行权值进行任务分配，以优化资源使用和提高整体性能。如果任务需要的运算量超出节点的运行能力，控制中心会在数据池中启动新的运算节点，以保证任务的高效执行。

四、云计算的用户安全管理

（一）安全培训与意识

第一，安全培训可以提供给用户有关云计算安全的知识和技能。云计算作为一种复杂的技术体系，用户往往缺乏对其安全特性和安全措施的全面了解。通过安全培训，用户可以学习到云计算的基本概念、架构和运行原理，了解云计算的安全风险和威胁，学习云计算安全管理的基本方法和技巧。这些知识和技能的掌握，可以帮助用户在使用云计算服务时，更加准确地评估风险，合理地选择云服务提供商，制定有效的安全策略和措施，提高云计算系统的安全性。

第二，安全意识是指用户对安全问题的敏感性和警觉性。云计算作为一种虚拟化的技术，用户往往无法直接感知和控制云计算系统的运行环境和安全状态。因此，用户的安全意识尤为重要。通过安全培训与安全意识的提高，用户可以增强对安全事件的敏感性，能够及时察觉到潜在的安全威胁和风险。同时，安全意识还可以提高用户的警觉性，使用户在使用云计算服务时保持高度的警惕，不轻易相信和泄露个人信息，不随意下载和安装未知的软件，不随意点击可疑的链接，从而避免受到恶意攻击和数据泄露。

第三，安全培训与意识，可以提高用户对云计算安全的认知和防范能力。安全培训可以帮助用户了解云计算的安全风险和威胁，学习云计算安全管理的基本方法和技巧。安全意识可以增强用户对安全事件的敏感性和警觉性。这些都可以提高用户对云计算安全的认知水平，使用户能够更加全面地认识到云计算的安全问题和风险，并能够采取相应的防范措施。只有用户具备了足够的认知和防范能力，才能更好地保护自己的信息安全，减少安全事件的发生。

（二）合规性管理

第一，合规性管理可以确保云服务提供商和用户在使用云计算服务时遵守相关的法规和标准。随着云计算的快速发展，各国家和地区都出台了一系列的数据保护法规和隐私保护要求，旨在保护用户的个人隐私和数据安全。合规性管理要求云服务提供商在提供服务的过程中，必须符合这些法规和要求，保护用户的个人信息和数据不被滥用、泄露或被未经授权地访问。

第二，合规性管理要求云服务提供商和用户遵守行业标准。不同行业有不同的安全标准和要求，如金融行业对数据安全和隐私保护有着更高的要求，医疗行业对医疗数据的保护有着严格的规定。合规性管理要求云服务提供商必须了解并遵守这些行业标准，为用户提供符合要求的云计算服务。

第三，合规性管理的重要性在于可以保证用户数据和应用在云计算环境中的合法性和合规性。合规性管理要求云服务提供商采取必要的措施，确保用户数据的完整性、机密性和可用性，防止数据被篡改、泄露或丢失。同时，合规性管理还要求云服务提供商建立完善的访问控制和身份验证机制，确保只有合法授权的用户才可以访问和使用云资源，防止未经授权的访问和操作。

第五章

新时期物联网发展的基础

第一节　物联网及其原理

　　物联网，作为一个学术概念，可被界定为通过技术手段实现物品之间以及物品与用户之间信息交互的网络系统。其核心内涵包含两大部分：首先，客户端与任何物品均可实现交互，物品间具备通信与信息交换的能力；其次，物联网的构建与发展基于互联网作为其基础设施与关键技术平台。

　　并非所有"物"都能纳入物联网的体系，物品需满足一系列条件方可被物联网所吸纳，这些条件包括：具备数据收发装置和传输路径、拥有一定的存储和计算能力、运行专门的应用程序或操作系统、遵循标准的网络通信协议，以及拥有可被唯一识别的编码。只有满足这些条件的物品，才能有效提供或使用物联网服务，实现物品之间或与用户之间的信息交互。

　　物联网作为一个综合性系统，承载着多样化的信息，并通过传统电信网和互联网使原本孤立的事物相互连接。从学科角度来看，物联网是一个典型的交叉学科领域，涉及计算机科学、网络信息安全、软件工程、电子通信、人工智能、信息管理以及大数据分析等多个学科。当前，物联网的研究已从实验室阶段走向实际应用，面向大众的物联网应用正逐步融入人们的日常生活，并在各行各业中发挥着不可或缺的作用。

一、物联网的特点

　　物联网作为当今社会信息技术领域的一项重要发展，具备诸多显著特点，其中包括连通性、技术性、智能性和嵌入性等方面。

　　第一，连通性是物联网的本质特征之一，体现在其三个维度上：任意时间的连通性、任意地点的连通性以及任意物体的连通性。这种连通性使得各种物体能够在物联网的框架下实现无缝互联，形成一个庞大的网络系统，从而为信息的传递和交换提供坚实的基础。

　　第二，物联网的技术性是其发展的重要基础。作为信息技术的产物，物联网涵盖了通信技术和未来计算等多种前沿技术。其中智能嵌入技术、无线射频技术、纳米技术以及传感技术等在物联网发展中发挥着至关重要的作用，不仅为物联网系统的构建提供了技术支持，也为其连通性和智能性的实现奠定了坚实的技术基础。

第三，物联网的智能性是其引人注目的特征之一。物联网通过智能传感技术将世界中的各种物体以智能化的方式进行连接，实现对人类生活环境的智能感知和管理。这种智能化的特性使得物联网能够观察和利用各种资源，为人们的生活和工作提供智能化的支持和服务，从而使物质生活得以网络化、数字化处理，为人们的生活带来了全新的体验和便利。

第四，物联网具有嵌入性的特点，即将人们生活与工作的环境嵌入到各种与物联网相关的网络服务中。通过各种技术手段，如传感器、二维码、RFID 等，物联网可以全面感知各种物品的动态特征，并通过互联网及时、准确地传输信息，为人们提供更加便捷的服务和体验。由于物联网已经覆盖了社会的各个方面，因此其传输的信息是否真实成为了至关重要的问题，也是我们需要重点关注和应对的一个挑战。

随着技术的不断进步和应用的广泛推广，物联网将进一步深化人类社会的智能化和网络化发展，为人们的生活和工作带来更加便利和智能化的体验。

二、物联网的发展

在信息化与工业化深度融合的时代背景下，物联网技术凭借其独特的优势，正逐渐成为推动社会产业和经济增长模式变革的重要力量。尽管物联网的发展面临诸多挑战，如技术成熟度、标准体系建立等，但其巨大的潜力和价值不容忽视。

（一）物联网的发展态势

在全球绿色发展和低碳经济的呼声日益高涨的背景下，物联网技术因其独特的优势，成为实现低碳经济的有效途径之一。物联网技术不仅扩大了信息获取的渠道和范围，降低了信息成本，而且通过实现无人远程控制，提升了社会管理的智能化水平，有助于节能减排和资源优化利用。

首先，物联网技术通过广泛部署的传感器网络，实现了对物质世界的全面感知和监控。这种能力不仅为科学研究提供了丰富的数据支撑，也为环境保护、灾害预警等领域提供了重要的技术支撑。例如，通过物联网技术，我们可以实时监测海洋污染、气候变化等现象，为制定环境保护政策提供科学依据。

其次，物联网技术通过实现远程控制和智能管理，提高了资源利用效率和管理效率。在交通、农业、家居等领域，物联网技术已经得到了广泛应用。例如，在智能交通系统中，物联网技术可以实时监测交通流量和路况信息，优化交通信号灯的控制策略，减少交通拥堵和汽车尾气排放；在智能农业系统中，物联网技术可以实时监测作物生长环境和生长状态，为农民提供精准的种植建议，提高农作物产量和品质。

此外，物联网技术还能推动社会管理模式的创新。通过物联网技术，政府可以更加精准地掌握社会运行状况，为政策制定提供科学依据；企业可以更加高效地管理生产流程和供应链，提高生产效率和降低成本；个人可以更加便捷地享受智能化服务，提高生活品质。

（二）物联网的发展前景

随着技术的不断进步和应用场景的不断拓展，物联网技术将在未来发挥更加重要的作用。一方面，物联网技术将继续推动经济增长和产业转型。通过物联网技术的应用，传统产业将实现数字化转型和智能化升级，提高生产效率和产品质量；新兴产业将依托物联网技术实现快速发展和突破创新。另一方面，物联网技术将促进社会管理模式的创新和变革。通过物联网技术的广泛应用，政府将实现更加精准的社会管理和服务，企业将实现更加高效的生产和供应链管理，个人将享受更加便捷和智能化的生活。

在物联网技术快速发展的过程中，标准体系的建设将成为一个重要的问题。随着物联网应用场景的不断拓展和技术的不断进步，物联网标准体系需要不断完善和更新。这将有助于提升物联网技术的市场竞争力和适应性，推动物联网技术的广泛应用和普及。同时，政府和企业也需要加强合作和协调，共同推动物联网标准体系的建设和完善。

在中国，物联网技术的发展尤为引人瞩目。中国政府高度重视物联网技术的发展，将其作为推动经济增长和社会进步的重要战略之一。在政策支持和市场需求的推动下，中国物联网产业已经取得了长足的进步和发展。未来，中国物联网产业将继续保持快速发展的态势，并有望在全球物联网市场中占据重要地位。

（三）物联网发展的挑战与应对

需要注意的是，物联网技术的发展也面临着一些挑战和问题。

首先，物联网技术的安全性和隐私保护问题日益突出。随着物联网设备的广泛应用和数据量的不断增长，如何保障物联网设备的安全和数据的隐私成为了一个亟待解决的问题。为此，需要加强物联网设备的安全防护和数据加密技术的研发和应用，同时建立健全法律法规和监管机制。

其次，物联网技术的标准化和互联互通问题也需要得到重视。目前，物联网技术涉及的领域众多、设备种类繁杂，如何实现不同设备之间的互联互通和数据共享成为了一个重要的问题。为此，需要加强物联网技术的标准化和互联互通技术的研究和应用，推动不同设备之间的兼容性和互操作性。

此外，物联网技术的发展还需要解决一些技术和经济问题。例如，如何降低物联网设备的成本和能耗、如何提高物联网技术的可靠性和稳定性等。为此，需要加强物联网技术的研发和创新，推动物联网技术的不断进步和发展。

未来，随着技术的不断进步和应用场景的不断拓展，物联网技术将在更多领域发挥更加重要的作用。同时，需要正视物联网技术在发展过程中面临的挑战和问题，加强技术研发和创新、标准体系和法律法规建设、合作和协调等方面的工作，共同推动物联网技术的健康、快速发展。

三、物联网的原理

人们对互联网的相关概念早已耳熟能详，互联网是指通过计算机信息技术将两个或多个计算机终端、客户端和服务器互联，人们可以一起工作，甚至可以在数千公里之外进行语音聊天、视频通话、发送电子邮件和娱乐，互联网将世界各地的人连接起来，打破了人与人之间时间和空间的限制。物联网更进一步，不仅可以连接人，还可以连接物。互联网构建了虚拟网络的世界，而物联网则连接了真实的物理世界。互联网是物联网的基础，物联网是互联网的延伸和发展，因为物联网中的信息传播需要通过互联网进行。物联网将客户端延伸到了物与物、人与物之间。

在互联网中，人是使用和控制互联网的主体，信息的产生和传播都是由人进行的；物联网以物为中心，进行信息的收集、传输和编辑。互联网主要应用在个人和家庭中，物联网则更突出行业、个人和家庭市场。

从如何连接的角度来看，物联网中的物或人具有与当前互联网访问地址相似的唯一网络通信协议地址。

泛在网络是物联网发展的高级阶段，是物联网旨在实现的最高目标，它代表了未来网络发展的趋势和方向。泛在网络可以支持人对人、人对物（例如设备和机器）以及物对物的通信。泛在网络意味着通过服务订阅，个人和设备可以在最少的技术限制下随时随地以任何方式访问服务和通信。简而言之，泛在网络是无处不在且全面的网络，其中包括各种应用程序，以支持随时随地的人与物之间的通信。

第二节　物联网的体系结构

物联网具有很突出的异构性，为实现异构设备间的互联、互通与互操作，物联网体系结构的设计应具有开放、分层、可扩展的特点。

一、物联网的三层体系结构

物联网的三层体系结构将其功能抽象为感知层、传输层和应用层，通过接口协议实现层与层之间的通信。这种结构有助于理解物联网系统的组成和功能，同时为系统设计和开发提供了指导。

感知层位于物联网三层体系结构的最底层。这一层主要负责感知物体和采集信息的任务,是整个物联网系统中信息采集的核心。感知层涉及各种传感器、执行器和采集设备,它们能够感知和监测物理世界中的各种参数和事件,如温度、湿度、光线、位置等。这些传感器和设备将采集到的数据传输到传输层,为物联网系统提供了基础数据。

传输层也称为中间件层,位于三层体系结构的中间位置。这一层主要实现数据的传输与处理,是信息交换和数据传输的中枢。传输层负责将感知层采集到的数据传输到应用层,并在传输过程中进行必要的处理和转换,确保数据能够安全、高效地传输到达。在这一层中,通信技术和协议起着关键作用,包括无线传输、有线传输和蜂窝网络等,以保证数据的可靠传输和通信的连通性。

应用层位于三层体系结构的顶层,解决了信息处理和人机交互的问题。这一层一般包括数据智能处理子层和应用支撑子层,其主要功能是分析加工数据并为用户提供丰富的应用服务。在数据智能处理子层中,经过对数据的分析和处理,提取出有价值的信息和规律,为用户提供决策支持和智能化服务。而在应用支撑子层中,各种应用和服务得以实现,涵盖了智能家居、智慧城市、工业自动化、健康医疗等多个领域,为人们的生活和工作提供了便利和智能化的体验。

二、物联网的四层体系结构

物联网的四层体系结构采用自下而上的分层架构,给出了包含数据处理层的四层体系结构,用以指导物联网的理论和技术研究。该结构的特点是侧重物联网的定性描述而不是协议的具体定义,它把物联网定义为一个包含感知识别层、数据传输层、数据处理层、应用支撑层的四层体系结构。

(一)感知识别层

感知识别层是物联网四层体系结构中的底层,主要负责对物理世界的感知和识别任务。这一层涉及各种传感器、执行器和识别设备,用于感知和采集环境中的各种信息,如温度、湿度、光线、声音、图像等。传感器可以通过各种技术手段实现对环境参数的感知,而执行器则可以根据感知结果执行相应的动作。感知识别层的数据采集是物联网系统的基础,为后续数据传输和处理提供了原始数据。

(二)数据传输层

数据传输层是物联网四层体系结构中的第二层,负责将感知识别层采集到的数据传输到上层的数据处理层。这一层涉及各种通信技术和协议,用于实现设备之间的数据传输和通信。数据传输层可以采用无线传输(如 Wi-Fi、蓝牙、Zig-Bee 等)、有线传输(如 Ethernet、Powerline 等)或蜂窝网络(如 2G、3G、4G、5G 等),以确保数据的可靠传输和通信的连通性。数据传输层的稳定性和效率直接影响到物联网系统的整体性能。

（三）数据处理层

数据处理层是物联网四层体系结构中的第三层，承担着对从数据传输层获取到的原始数据进行处理和分析的任务。这一层主要包括数据存储、数据处理、数据分析和数据挖掘等功能，旨在从海量的原始数据中提取出有价值的信息和规律。数据处理层可以利用各种技术和算法对数据进行处理，包括数据清洗、数据压缩、数据挖掘和机器学习等，以实现数据的智能化处理和应用。

（四）应用支撑层

应用支撑层是物联网四层体系结构中的顶层，负责为用户提供丰富的应用服务和决策支持。这一层将经过处理和分析的数据转化为具体的应用和服务，涵盖了智能家居、智慧城市、工业自动化、健康医疗等多个领域。应用支撑层的功能包括数据可视化、用户界面设计、智能控制和决策支持等，旨在为用户提供便利、智能化的体验和服务。

三、物联网的拓扑结构

物联网的拓扑结构是指物联网中各个设备（如传感器、执行器、网关等）之间的连接方式和关系。它描述了物联网中设备之间的物理或逻辑布局，以及它们之间的通信方式和路径。

（一）星型拓扑

物联网的星型拓扑是一种常见的网络结构，其设计简单，易于管理和维护，但也存在一些潜在的缺陷。在星型拓扑中，所有的设备直接连接到一个中心节点，通常是一个网关或者控制中心，而设备之间并不直接通信。这种结构使得网络管理者能够轻松地监控网络中的设备，便于故障排除和维护工作的进行。此外，由于每个设备都只需与中心节点进行通信，数据传输路径相对简单，网络的稳定性和可靠性也相对较高。

星型拓扑也存在一些显著的弱点，其中最主要的是单点故障的风险。由于所有的设备都依赖于中心节点进行通信，一旦中心节点发生故障，整个网络将会受到影响，甚至导致网络的完全瘫痪。这种情况对于一些对网络稳定性要求较高的应用场景来说，如工业自动化或医疗设备监测等领域，可能会造成严重的损失和风险。

为了减轻星型拓扑的单点故障风险，一些解决方案已经被提出并得到了应用。其中一个常见的方法是引入冗余机制，通过在网络中增加备用的中心节点或者备用路径，以实现故障转移和自动切换。这样一来，即使一个中心节点发生故障，网络仍然可以继续正常运行，从而提高了系统的可靠性和稳定性。

（二）总线型拓扑

在构建物联网系统时，网络拓扑结构的选择至关重要，而总线型拓扑作为其中一种选择，既具有优势，也面临挑战。

总线型拓扑的优势在于其低成本和简单易用的特点。通过将所有设备连接到一个共享的总线上，节省了额外设备和减少了复杂布线的成本，降低了安装和维护的难度。这种简洁的结构使得系统部署和管理更加方便，特别适用于资源受限或初学者的应用场景。

总线型拓扑也存在一些挑战需要考虑，如单点故障问题。由于整个系统的正常运行依赖于总线的稳定性，一旦总线发生故障，就可能导致整个系统瘫痪，这对于要求高可靠性和持续稳定性的应用场景是一个严重的威胁。此外，总线型拓扑的带宽受限于总线的性能，随着设备数量和通信负载的增加，总线可能成为带宽瓶颈，影响数据传输的效率和速度，从而限制系统的扩展能力和实时性能。

在实际应用中，应该根据具体的应用需求和环境特点进行权衡和选择，以实现最佳的性能和效益。同时，针对总线型拓扑存在的问题，需要采取相应的措施，如备份总线、实施冗余设计、优化数据传输方式等，以提高系统的稳定性和可靠性。只有这样，总线型拓扑才能充分发挥其优势，为物联网应用提供可靠的基础网络支持。

（三）网状型拓扑

网状型拓扑作为一种关键的网络架构，在物联网中扮演着至关重要的角色。网状型拓扑，顾名思义，是一种多对多的网络结构，其中每个设备都直接或间接地与其他设备相连。这种结构的显著特点是高度可靠性和冗余性，它确保了即使部分设备或连接出现故障，整个网络的数据传输依然能够顺利进行。然而，这种拓扑结构在部署和管理上却面临着相对复杂的挑战，同时也伴随着较高的成本。

网状型拓扑在物联网中的应用为数据传输提供了极高的可靠性。在这种拓扑结构中，每个设备都拥有多个连接路径，这意味着当某个路径或设备出现故障时，数据可以通过其他路径绕过故障点，继续传输。这种天然的冗余性极大地提高了网络的鲁棒性，确保了在复杂多变的环境下，物联网系统能够持续稳定地运行。特别是在对实时性和可靠性要求极高的应用场景中，如智能交通系统、工业自动化控制等，网状型拓扑的这种特性显得尤为重要。

然而，网状型拓扑的部署和管理过程却相对复杂。由于每个设备都需要与其他多个设备建立连接，这导致了网络配置和管理的复杂性。在大型物联网系统中，这种复杂性会成倍增加，使得网络部署和维护变得异常困难。此外，为了实现这种复杂的网络结构，往往需要使用专门的网状网络协议和设备，这进一步增加了部署的难度。

除了部署和管理上的挑战，网状型拓扑的成本也是一个不可忽视的问题。由于每个设备都需要与其他多个设备建立连接，这无疑增加了设备的硬件成本和通信成本。特别是在需要大量部署传感器和设备的物联网应用中，这种成本的增加可能会对整个项目的经济可行性产生重大影响。因此，在设计和部署物联网系统时，必须仔细权衡网状型拓扑带来的可靠性和成本之间的平衡。

尽管网状型拓扑在部署和管理上存在一定的挑战，但其在物联网中的应用仍然具有巨大的潜力。随着物联网技术的不断发展和成熟，未来可能会出现更加高效、成本更低的网状型拓扑解决方案。例如，通过采用先进的网络协议和优化算法，可以简化网络的配置和管理过程，降低部署和运营成本。同时，随着硬件成本的下降和通信技术的进步，网状型拓扑的经济可行性也将得到进一步提升。

（四）树型拓扑

在物联网的多种网络拓扑结构中，树型拓扑因其独特的结构特点而备受关注。树型拓扑在物联网中的应用体现在其独特的结构上。在树型拓扑中，设备通过层级结构连接，形成一个树状网络。这种结构类似于自然界中的树，有根、分支和叶子。在物联网中，树型拓扑通常有一个中心节点，作为树的"根"，其他设备则作为"分支"和"叶子"连接到这个中心节点上。这种层级结构使得数据能够沿着树的分支传输，从叶子节点流向根节点，或者从根节点流向叶子节点。

树型拓扑的一个显著优势是其良好的可扩展性。由于设备是按照层级连接的，新的设备可以很容易地作为叶子节点添加到现有的分支上，而不会对整个网络的稳定性产生影响。这种可扩展性对于物联网来说尤为重要，因为物联网中的设备数量庞大，且不断增长。

然而，树型拓扑也存在一些挑战。首先，由于其依赖于中心节点，树型拓扑存在单点故障的风险。如果中心节点发生故障，整个网络可能会受到影响，导致数据传输中断。其次，树型拓扑可能会导致数据传输的延迟。数据需要从叶子节点逐级传输到根节点，再从根节点传输到其他叶子节点，这个过程可能会导致较长的传输时间。

尽管存在挑战，树型拓扑在物联网中的应用仍然具有巨大的潜力。通过优化网络结构，提高中心节点的稳定性，可以有效降低单点故障的风险。同时，通过引入更多的中心节点，可以构建更加稳定和高效的树型拓扑，从而提高物联网的整体性能。

（五）混合型拓扑

混合型拓扑结构，作为多种传统拓扑结构的融合与创新，正逐渐成为物联网应用中的一股新势力。其设计理念在于根据实际需求和应用场景，灵活选择和组合不同的拓扑结构，以平衡系统的可靠性、成本和复杂性。

混合型拓扑结构的核心在于其高度的灵活性和可定制性。它允许设计者根据具体需求，选择最合适的拓扑结构进行组合。例如，在需要高可靠性和稳定性的场景中，可以采用星型拓扑结构作为基础，通过中心节点集中控制和管理各个设备，确保数据的准确传输和系统的稳定运行。同时，为了降低成本和复杂性，可以在某些子系统中采用总线型或环型拓扑结构，减小节点数量和传输距离，提高系统的整体效率。

　　混合型拓扑结构的另一个重要优势在于其可扩展性和可维护性。由于它采用了多种拓扑结构的组合，因此可以轻松地添加新的设备和子系统，而无需对整个系统进行大规模改造。当某个子系统出现故障时，也可以快速定位问题并进行修复，降低了系统维护的复杂性和成本。

　　在实际应用中，混合型拓扑结构已经被广泛应用于各种物联网场景中。例如，在智能家居系统中，可以采用混合型拓扑结构来连接各种智能设备。通过中心控制器实现对家电、照明、安防等设备的集中控制和管理，同时利用无线传感器网络实现对温度、湿度、光照等环境参数的实时监测和调节。这种组合方式既保证了系统的稳定性和可靠性，又降低了成本和维护复杂度。

　　在工业自动化领域，混合型拓扑结构同样发挥着重要作用。通过将传统的总线型拓扑结构与无线传感器网络相结合，可以实现对生产线上各种设备的实时监控和远程控制。这种拓扑结构不仅可以提高生产效率和质量，还可以降低能源消耗和维护成本。

　　此外，在智慧城市、智能交通、环境监测等领域中，混合型拓扑结构也展现出其独特的优势。它可以根据不同应用场景的需求，灵活选择和组合不同的拓扑结构，以实现数据的快速传输、实时分析和智能决策。

　　物联网的拓扑结构选择取决于具体的应用场景、通信需求、成本预算和可靠性要求等因素。不同的拓扑结构具有各自的优缺点，在设计和部署物联网系统时需要综合考虑这些因素，以实现最佳的性能和效果。

第三节　物联网的标准化发展

　　在物联网技术的演进过程中，标准化工作扮演着举足轻重的角色。标准化的缺乏常常导致技术发展的无序性，从而阻碍资源的优化配置和技术的有序演进。同时，缺乏统一标准将使得多种技术体制并存且互不兼容，这无疑增加了用户的使用难度和成本。因此，标准化工作对于物联网技术的健康发展至关重要。标准的制定与采纳并非一蹴而就，其时机选择同样至关重要。过早地制定和采纳标准可能会限制技术的创新空间，从而制约技术的发展和进步。相反，如果标准制定和采纳的时机过晚，则可能导致技术的应用范围受限，甚至阻碍其在实际场景中的广泛部署。

　　与传统的计算机和通信领域不同，物联网的各标准组织在标准制定过程中更加注重应用层面的考量。这是因为物联网技术具有广泛的应用前景和多样化的应用场景，因此，制定符合实际应用需求的标准对于推动物联网技术的广泛应用和深入发展具有重要意义。通过与应用层面的紧密结合，物联网标准体系能够更好地满足用户需求，推动技术的持续创新和发展。

一、物联网标准化的意义

物联网标准化的重要意义在于推动和规范物联网技术的发展，实现物联网技术的广泛应用和普及。物联网标准化在推动产业升级、提高技术水平、促进产业合作、增强市场竞争力等方面都具有不可忽视的作用。

首先，物联网标准化有助于降低技术研发和应用成本。通过统一的标准，可以避免不同厂商、不同设备之间的兼容性问题，减少重复设计和测试，提高资源利用效率，降低研发和生产成本。这对于推动物联网技术的广泛应用和普及至关重要。

其次，物联网标准化有助于提高物联网系统的安全性和稳定性。在标准化的框架下，可以规范各种物联网设备和系统的通信协议、数据格式、安全认证等方面的内容，从而加强系统的安全性和稳定性，防止信息泄露、网络攻击等安全风险，保障用户和企业的利益。

最后，物联网标准化还有助于促进产业合作和市场竞争。通过制定统一的标准，可以促进不同企业之间的合作与交流，形成产业联盟，共同推动物联网技术的发展和应用。同时，标准化也可以促进市场竞争，降低市场准入门槛，推动行业发展。

总之，物联网标准化对于推动物联网技术的发展和应用具有重要意义。通过统一的标准，可以降低成本、提高安全性、促进合作、增强竞争力，推动物联网产业的健康发展，实现物联网技术的广泛应用和普及。因此，各国政府、产业界和学术界都应该高度重视物联网标准化工作，加强合作，推动物联网标准化工作取得更大的进展。

二、物联网标准化的内容

物联网标准化是一个复杂而关键的过程，它确保了物联网生态系统中各个组成部分之间的互操作性、安全性和可持续性。物联网标准化的内容可以从多个维度来理解，包括技术、安全、隐私、互操作性以及可持续性等方面。

（一）技术标准化

技术标准化是物联网标准化中的一个核心组成部分。物联网技术涉及的领域广泛，包括传感器技术、通信协议、数据传输机制、云计算等。技术标准化的目标在于确保不同厂商生产的设备、不同系统之间能够实现无缝的交互和协作。例如，通过制定统一的通信协议，如 MQTT（消息队列遥测传输）或 CoAP（受限应用协议），可以确保各种设备之间能够有效地进行信息交换。同时，数据格式的标准化也是至关重要的，它保证了不同设备能够正确地解析和利用彼此的数据。

（二）安全标准化

安全标准化在物联网领域同样占据着举足轻重的地位。物联网的安全性直接关系到个人隐私的保护、数据的完整性以及系统的稳定运行。安全标准化的内容涵盖了身份验证、数据加密、漏洞修补等多个方面。例如，通过制定安全通信协议，可以确保数据在传输过程中不被非法截获或篡改。此外，设备身份验证标准的建立也是至关重要的，它能够有效地防止未经授权的设备接入网络，从而保障整个网络的安全。

（三）隐私标准化

在物联网的世界中，个人数据的采集和处理是无所不在的，这无疑给个人隐私保护带来了严峻的挑战。隐私标准化的重要性不言而喻，它旨在确保个人数据在整个生命周期中得到合法、透明和安全的处理。例如，制定隐私政策标准是隐私标准化的关键一环，这些标准应明确界定数据采集的目的、范围、方式以及使用规范，确保所有数据操作都在用户知情和同意下进行。数据匿名化和脱敏标准的建立同样至关重要，这些标准能够有效地保护个人隐私，防止敏感信息在数据分析和共享过程中被泄露。这些标准的实施，可以在保障物联网功能完整性的同时，最大限度地保护用户的隐私权益。

（四）互操作性标准化

物联网的魅力在于其能够将无数的设备和系统连接在一起，实现信息的无缝流通和服务的协同。然而，这种流通和协同的前提是互操作性，即不同厂商、不同技术背景的设备和系统能够有效地相互协作。互操作性标准化就是为了满足这一需求而设立的。它涉及制定统一的接口标准，确保不同厂商的设备能够顺利地连接和交互。例如，制定统一的设备接入协议，可以使得设备不仅能够接入同一厂商的平台，还能够跨平台操作，大大提高了物联网生态系统的灵活性和可扩展性。互操作性标准化，可以打破厂商之间的技术壁垒，促进物联网技术的快速发展和广泛应用。

（五）可持续性标准化

物联网的快速发展带来了前所未有的便利和高效，但同时也对资源利用、环境保护和社会责任提出了更高的要求。可持续性标准化是物联网发展中的一个重要方面，它关注的是如何在满足当前需求的同时，不损害未来世代满足自身需求的能力。可持续性标准化需要从多个维度进行考量，包括节能、环保和社会责任等方面。

首先，节能标准的制定对于物联网设备的能耗管理至关重要。通过制定节能通信协议，可以有效地减少设备在通信过程中的能耗，延长设备的使用寿命，同时减少对能源的依赖。对于设备的待机功耗也需要有严格的标准，以减少不必要的能源浪费。

其次，环保标准的制定同样不可或缺。物联网设备的广泛应用导致了大量的电子废弃物。制定电子废弃物的处理标准，可以确保这些废弃物得到妥善处理，减少对环境的污染。同时，鼓励使用可回收材料制造设备，也是环保标准的一部分，这有助于减少资源的消耗和环境的破坏。

最后，社会责任标准的制定关注的是物联网技术发展对社会的影响。这包括确保生产过程中的劳工权益、推动公平贸易以及促进技术的普及和普惠。通过这些标准的实施，可以确保物联网技术的发展不仅服务于少数人，而且能够惠及整个社会，特别是那些边缘群体。

综上所述，物联网标准化是确保物联网生态系统健康发展的关键，其内容涵盖了技术、安全、隐私、互操作性和可持续性等多个方面。只有通过标准化，才能促进物联网技术的广泛应用，实现其潜在的经济和社会效益。

三、物联网标准化的构建流程

物联网标准化的构建流程是一个涉及多方利益相关者、跨学科领域和国际合作的复杂过程。

第一步，需求分析和问题界定。在构建物联网标准之前，必须首先对物联网应用的需求进行全面的分析和理解。这包括对不同行业的需求、技术限制、安全性要求以及互操作性等方面的考量。通过与行业专家、学术界、企业和政府机构的广泛讨论和合作，可以明确物联网标准化的目标和范围，并确定需要解决的核心问题。

第二步，技术研究和标准制定。在确定了需求和问题之后，需要进行广泛的技术研究和探索，以找到解决方案并制定相应的标准。这涉及各种技术领域的专家和组织，包括通信、传感器技术、数据处理、安全性等。通过制定技术规范和标准化文档，确保不同厂商和设备之间的兼容性和互操作性，从而促进物联网生态系统的健康发展。

第三步，国际合作和协调。由于物联网是一个全球性的技术和应用领域，因此物联网标准化工作需要进行国际合作和协调。这包括与其他国家和地区的标准化组织和机构进行合作，共同制定国际性的物联网标准。同时，还需要考虑不同国家和地区的法律法规、文化习惯和产业发展水平，确保标准的全球适用性和可接受性。

第四步，标准推广和应用。一旦物联网标准制定完成，就需要通过各种渠道和方式进行推广和应用。这包括组织培训和教育活动，向行业和社会各界介绍标准的重要性和优势，促进标准的广泛应用和采用。同时，还需要建立标准的监测和评估机制，及时调整和更新标准，以适应物联网技术和市场的不断变化和发展。

四、物联网标准化的创新发展

物联网标准化的创新发展是当今科技领域的一个重要议题。随着物联网技术的普及和应用范围的扩大，标准化成为确保设备互操作性、数据安全性和系统稳定性的必然选择。在物联网标准化的发展过程中，各个国际标准化组织、行业联盟和技术巨头都发挥着重要作用，共同推动着标准化工作的进展。

首先，物联网标准化的创新发展受益于国际标准化组织的积极推动。ISO（国际标准化组织）等组织通过制定国际标准，促进了物联网技术的全球统一和互通。这些标准涵盖了物联网网络架构、协议、安全性、数据格式等方面，为各个行业的物联网应用提供了统一的规范，降低了设备开发和应用的成本，促进了物联网产业的健康发展。

其次，行业联盟在物联网标准化过程中发挥了重要作用。例如，物联网产业联盟（IoT Alliance）等组织聚焦于特定领域的标准化工作，推动了相关技术的创新和应用。这些行业联盟通过跨界合作、经验分享和技术研究，加速了物联网标准的制定和实施，推动了物联网技术在各行业的广泛应用。

另外，技术巨头的参与也是物联网标准化发展的关键因素。像电气和电子工程师协会（IEEE）、互联网工程任务组（IETF）等技术组织以及企业如谷歌、微软、苹果等，通过投入大量资源，推动了物联网标准的不断创新。它们在物联网通信协议、数据安全、云计算等方面的技术积累和标准制定经验，为物联网标准化的发展提供了坚实基础。

第四节　物联网技术创新及其影响

一、物联网技术创新的维度

当谈论物联网技术创新的内涵时，必须深入探讨其多维度的意义和影响。

第一，技术整合与连接性。物联网技术创新的内涵之一在于其强调了不同设备和系统之间的无缝连接和整合能力。这种连接性超越了传统的人机交互，使得各种设备和系统能够相互沟通、协同工作，实现信息共享和智能决策。这种技术整合，正推动着各个领域的数字化转型。

第二，数据驱动与智能化。物联网技术创新还涉及数据的采集、分析和利用。通过传感器等设备收集的海量数据，经过人工智能和机器学习算法的处理，可以提供洞察力和预测性分析，从而支持更加智能的决策和行动。这种数据驱动的智能化不仅提高了生产效率和服务质量，还为企业和组织带来了全新的商业模式和收益来源。

第三，安全与隐私保护。随着物联网技术的普及，安全和隐私保护问题日益受到关注。创新的物联网技术应该不仅仅注重功能和性能，还应该重视数据安全和隐私保护。这意味着在设计和实施物联网系统时，必须考虑到数据的加密、权限管理、身份验证等安全机制，以及用户数据的透明度和控制权。只有这样，才能确保物联网技术的可持续发展和社会接受度。

第四，生态可持续性。物联网技术创新应该积极促进生态可持续性的实现。这意味着在物联网设备的设计、制造和使用过程中，应该考虑到资源利用效率、能源消耗和废弃物处理等方面。同时，物联网技术也可以应用于环境监测和管理，帮助人们更好地理解和保护自然环境，推动可持续发展目标的实现。

第五，社会影响与伦理责任。物联网技术创新必须审慎考虑其对社会的影响和伦理责任。尽管物联网技术带来了诸多便利和机遇，但也可能导致一些负面影响，如社会不平等、就业问题、个人隐私泄露等。因此，创新者和决策者应该在推动物联网技术发展的同时，认真思考和应对这些潜在的社会挑战，确保技术的应用符合道德和法律的要求，造福于整个社会。

只有综合考虑这些因素，才能实现物联网技术的持续创新和良性发展，为人类社会带来更多的福祉和进步。

二、物联网对产业发展的影响

（一）物联网促进产品开发

物联网技术的普及和应用，对于产品开发的影响是深远而全面的。它不仅推动了产品设计的创新，还极大地提升了产品的智能化水平和用户体验。物联网技术的应用，使得产品能够提供更加精细化和个性化的服务，满足用户多样化的需求。

首先，物联网技术的应用，使得产品间的互联互通成为可能。通过物联网技术，产品可以与其他设备进行实时通信和数据交换，实现更加智能化的功能。例如，智能家居产品可以通过物联网技术实现远程控制和自动化管理，为用户提供更加便捷和舒适的生活体验。

其次，物联网技术使得产品能够实时收集和分析数据，为产品的后续优化提供了数据支持。通过对收集到的数据进行分析，可以更好地了解用户需求和行为习惯，从而对产品进行持续的优化和改进。例如，在制造业中，物联网技术可以用于实时监控生产线的运行状态，通过对生产数据的分析，可以发现生产过程中的问题和瓶颈，并采取相应的优化措施，提高生产效率和质量。

最后，物联网技术还促进了跨界融合，推动了新产品的创新发展。通过整合不同产业领域的技术和资源，物联网技术可以应用于各个领域，推动跨界产品的开发和创新。例如，物联网技术可以与医疗健康领域相结合，开发出智能医疗设备和健康管理系统，为人们提供更加便捷和精准的健康服务。

（二）物联网促进电子产业发展

电子产业作为物联网技术实施的关键领域，已显著受益于物联网技术的迅猛发展。物联网技术的广泛应用不仅推动了电子产品的智能化和网络化升级，还为其带来了革命性的变革。传统电子产品通过整合物联网模块，不仅实现了数据采集、传输和处理等功能，更实现了向智能化产品的转变。这种转变不仅提升了产品的功能性和用户体验，还开辟了电子产品的新市场和新应用场景。

首先，物联网技术的发展为电子产品的个性化定制提供了可能。消费者可以根据个人需求和偏好，定制具有特定功能的电子产品，从而满足其个性化需求。这种个性化定制不仅提高了用户对产品的满意度，还促进了电子产业的多样化发展。

其次，物联网技术的不断进步和成熟也加速了电子产业的升级换代。随着物联网技术的深入应用，电子产品的性能得到了显著提升，产品更新换代的速度也明显加快。这不仅推动了电子产业的持续发展，还促进了相关产业链的升级和创新。

（三）物联网促进网络服务产业发展

物联网技术的发展与网络服务产业息息相关，它不仅依赖于网络服务的支持，更为网络服务产业带来了前所未有的发展机遇。

首先，物联网的广泛应用产生了庞大的数据量，这些数据需要通过云计算、大数据分析等网络服务进行处理。因此，物联网的发展极大地推动了云计算、大数据分析等网络服务产业的快速发展。

其次，物联网技术使得网络服务更加智能化和个性化。网络服务提供商可以根据用户的需求和行为，提供定制化的服务，从而提升用户体验。这种个性化服务不仅增强了用户对网络服务的满意度，还促进了网络服务产业的多样化发展。

最后，物联网技术的发展还推动了网络服务产业的创新。随着物联网技术的不断成熟和应用，网络服务产业也在不断创新，推出了一系列新的服务和应用，如智能家居、智慧城市等。这些创新不仅为网络服务产业带来了新的发展机遇，还推动了相关产业链的升级和创新。

（四）物联网加快在线实时识别、检测装备创新发展

物联网技术的迅猛发展，为在线实时识别与检测装备领域带来了革命性的变革。物联网技术的应用，不仅极大地提升了这些装备的识别与检测准确性和效率，还推动了其创新性的发展。

首先，物联网技术的核心优势在于其强大的数据收集和处理能力。通过集成物联网模块，在线实时识别与检测装备能够实时感知和收集环境变化和用户需求数据，从而快速做出响应。这种实时数据收集和处理能力，极大地提高了识别和检测的准确性和效率，为各行各业提供了更加精准和高效的服务。

其次，物联网技术推动了在线实时识别与检测装备的智能化升级。通过引入学习算法和数据分析技术，这些装备可以不断学习和优化自身的性能和功能，实现更加智能化的识别和检测。这种智能化升级，不仅提高了装备的识别和检测能力，还增强了其适应性和灵活性，能够更好地满足复杂多变的实际需求。

最后，物联网技术还促进了在线实时识别与检测装备的集成化和模块化发展。通过整合不同领域的技术和资源，可以开发出更加高效、可靠的在线实时识别与检测装备。这种集成化和模块化的发展，不仅提高了装备的性能和可靠性，还降低了成本和维护难度，为产业发展提供了有力支持。

物联网技术在在线实时识别与检测装备领域的应用，还为其带来了新的发展机遇。例如，在智能制造领域，物联网技术可以实现对生产过程的实时监控和优化，提高生产效率和质量；在智能交通领域，物联网技术可以实现对交通状况的实时监测和分析，提高交通管理的效率和安全性；在智能医疗领域，物联网技术可以实现对患者健康状况的实时监测和预警，提高医疗服务的质量和效率。

三、物联网与市场升级

（一）物联网带来消费市场的升级

在经济学中，市场需求的满足依赖于两个基本条件：一是消费者具有支付能力；二是市场上存在能够满足消费者需求的产品与服务。物联网技术的广泛应用，为这两个条件的实现提供了有力支持，从而推动了消费市场的升级。

首先，物联网技术的发展为消费者提供了更多样化、个性化的产品与服务。通过集成物联网模块，传统产品能够实现智能化升级，满足消费者对智能化、便捷化生活的追求。同时，物联网技术还能够根据消费者的使用习惯和需求变化，提供定制化的服务，进一步提升消费者的满意度。

其次，物联网技术的发展降低了交易成本，提高了市场效率。通过实现设备间的互联互通，物联网技术使得数据共享成为可能，降低了信息不对称的程度。这不仅有助于消费者更全面地了解产品信息，做出更明智的消费决策，还有助于企业更准确地把握市场需求，提高市场响应速度。

最后，物联网技术的发展还促进了消费市场的拓展。随着物联网技术的普及和应用，越来越多的消费者开始接受并享受智能化、便捷化的生活方式。这推动了智能家居、智慧医疗、智慧交通等领域的快速发展，为消费市场注入了新的活力。

（二）物联网促进投资市场的升级

物联网技术的发展不仅推动了消费市场的升级，还促进了投资市场的创新。智能化、网络化、服务化、绿色化的物联网装备与服务，为投资者提供了更多元化的投资选择，开启了新一代投资市场。

　　首先，物联网技术的创新应用为投资者带来了丰厚的回报。随着物联网技术的不断成熟和应用，越来越多的企业开始将物联网技术应用于产品研发、生产制造、销售服务等环节，实现了企业的转型升级。这为企业带来了更多的盈利机会，也为投资者带来了更高的收益。

　　其次，物联网技术的发展促进了投资市场的多元化。物联网技术的广泛应用涉及多个领域和行业，为投资者提供了更多的投资选择。投资者可以根据自己的风险偏好和投资需求，选择适合自己的投资标的，实现资产的多元化配置。

　　最后，物联网技术的发展还促进了投资市场的绿色化。物联网技术通过实现设备的智能化管理和控制，有助于减少能源消耗和环境污染。这符合当前全球绿色发展的趋势，也为投资者提供了更多的绿色投资机会。

（三）物联网带来出口市场的升级

　　物联网技术的发展不仅促进了国内市场的升级和拓展，还为我国出口市场带来了新的机遇。智能化的产品往往具有节约能源与资源的功能，提高了我国产品的国际市场竞争力。

　　首先，物联网技术的应用提高了我国出口产品的技术含量和附加值。通过集成物联网模块，我国出口产品能够实现智能化升级，这有助于提升我国出口产品的品牌形象和国际竞争力。

　　其次，物联网技术的应用还为我国开发发展中国家的装备市场创造了机遇。发展中国家经济的快速发展，使其对智能化、网络化设备的需求不断增加。我国作为物联网装备的重要研发和生产基地之一，可以充分利用自身技术优势和市场优势，积极开拓发展中国家的装备市场。

第六章
新时期物联网的技术发展

第一节　物联网的感知定位技术

一、物联网的感知技术

物联网感知识别层主要进行信息的感知与采集，如温湿度、音视频信号等。感知识别层运用的关键技术主要包括射频识别技术与传感器技术。

（一）射频识别技术

射频识别技术（RFID）是一种无线通信技术，用于通过无线电频率识别标签中存储的信息。这些标签可以是被动的（不需要电源，从无线电信号中提取能量来激活并回传信息）或者主动的（有自己的电源，能够主动地发射信号）。RFID系统由读写器（或称读取器）和标签组成。读写器通过无线电信号与标签进行通信，读写器发送查询信号，标签接收到信号后回传存储在其中的信息。RFID技术被广泛应用于物流、库存管理、支付系统、安全门禁系统等领域。

1. RFID 的类型

① 按照标签供电方式进行分类。在 RFID 系统中，标签的供电方式对其性能和应用具有重要影响。根据标签获取能量的方式，RFID 系统可以分为以下三类。

第一，有源系统。有源系统的标签具有自身电源，通常是内置电池，因此也称为主动标签。这种标签能够独立地发送信号并与读写器进行通信。由于有源系统具有独立的电源供应，因此其通信范围相对较远，可以达到几十米甚至上百米。这种类型的标签适用于需要长距离识别和高频率通信的场景，如物流追踪和车辆识别。

第二，无源系统。无源系统的标签没有内置电源，它们从读写器发送的无线电信号中提取能量以激活并传输数据，因此也称为被动标签。被动标签通常更小更便宜，并且耐用性较高，因为它们不需要定期更换电池。然而，由于其依赖读写器提供能量，因此其通信范围相对较短，一般在几米范围内。尽管如此，被动标签在许多应用中仍然非常实用，如库存管理、商品追踪和门禁系统。

第三，半有源系统。半有源系统的标签也称为半主动标签或者半被动标签。这种类型的标签具有自身的电源供应，但是只用于激活标签并不直接用于通信。半有源系统通常用于需要增强通信范围和可靠性的场景，如在金属或液体环境中的物品追踪，或者在复杂的电磁干扰环境中的工厂自动化系统。

② 按照标签的数据调节方式进行分类。标签的数据调节方式是指标签与读头之间进行信息交互和交换的方式，可以将 RFID 分为主动式、被动式和半主动式。

第一，主动式。主动式 RFID 系统中，标签内置有电源和处理器，使其能够独立地向读头发送数据。这意味着主动式标签具有自主决策和主动通信的能力，无须依赖读头的请求。由于标签具有自身的电源供应和处理能力，因此主动式标签通常具有更高的通信速率和灵活性。这种类型的 RFID 系统常见于需要实时监控和追踪的应用，如实时物流管理和智能制造。

第二，被动式。被动式 RFID 系统中，标签没有内置电源和处理器，需要通过读头发送的电磁场来获取能量，并在读头的请求下响应并传输数据。被动式标签的优势在于成本低廉、体积小巧、耐用性强，因为它们不需要电池，并且具有较长的使用寿命。然而，由于其依赖读头提供能量和控制通信，被动式标签的通信范围和速率通常较主动式标签为低，适用于需要中短距离识别和低频率通信的场景，如商品追踪和智能门禁系统。

第三，半主动式。半主动式 RFID 系统则结合了主动式和被动式的特点。这种类型的标签内置电池供电，但也能从读头的电磁场中获取额外能量。半主动式标签既可以主动向读头发送数据，也能够响应读头的请求。这使得半主动式标签在通信范围和速率上比被动式标签更灵活，同时又保持了较低的成本和较长的使用寿命。半主动式 RFID 系统常见于对通信灵活性和能耗控制都有较高要求的应用，如智能交通系统和环境监测。

③ 按照标签可读方式进行分类。RFID 标签内部的存储器类型也不尽相同，可以将 RFID 分为读写卡、只读卡和多次读出卡。

第一，读写卡。读写卡是一种具有读取和写入数据功能的 RFID 标签。这意味着读写卡可以接收来自读写器的写入命令，并将数据写入其内部存储器中，同时也可以读取存储在内部的数据并将其传输给读写器。读写卡通常用于需要动态更新数据或者双向通信的场景，如库存管理系统中的实时更新、车辆门禁系统中的权限管理等。

第二，只读卡。只读卡是一种仅具有读取数据功能的 RFID 标签。这种类型的标签的内部存储器通常被预先编程，并且只能被读取而不能被写入。只读卡通常用于需要保证数据安全性和防止篡改的场景，如身份认证系统中的身份证、门禁系统中的门禁卡等。

第三，多次读出卡。多次读出卡是一种可以被多次读取但不能被写入的RFID标签。这种类型的标签可以反复被读取，但是一旦数据被写入，就无法再次修改。多次读出卡通常用于存储静态数据或者一次性数据，如票务系统中的门票、生产过程中的批次标识等。

④ 按照通信工作顺序进行分类。RFID系统中标签和读头之间的通信工作可以按照先标签后读头或先读头后标签的顺序分类。即是读头主动唤醒标签，还是标签自行唤醒读头。

第一，先标签后读头。先标签后读头的通信工作顺序是指标签在被读头激励后，主动发送数据给读头，读头接收并解析数据。这种通信方式下，标签在感知到读头的激励信号后，立即做出响应，并将存储在其内部的数据传输给读头。这种方式适用于需要快速获取标签信息的场景，如快速库存盘点和实时物流跟踪。

第二，先读头后标签。先读头后标签的通信工作顺序是指读头发送信号或指令给标签，标签在接收到信号或指令后，做出相应的响应或动作。这种通信方式下，读头控制通信的开始和结束，可以更精确地控制通信的时机和内容。例如，读头可以发送查询指令给标签，标签在接收到指令后进行数据检索并返回结果。这种方式适用于需要主动控制标签行为或进行特定操作的场景，如门禁系统中的身份认证和权限控制。

2. RFID 的技术内容

① 天线技术。RFID的关键技术之一是天线技术，它直接影响着RFID系统的性能和效率。天线技术在RFID系统中扮演着至关重要的角色，是实现标签与读写器之间无线通信的核心部分。根据工作频段的不同，RFID系统的天线可以分为低频（LF）、高频（HF）、超高频（UHF）和微波天线。

第一，低频天线。低频天线工作在125～134kHz的频段。这种类型的天线具有较短的读取范围和较低的通信速率，但也具有较强的抗干扰能力和适应性。低频天线常见于门禁系统、动物识别和工业自动化等应用场景。

第二，高频天线。高频天线工作在13.56MHz的频段。高频天线具有较高的通信速率和较长的读取范围，适用于需要快速数据传输和中等范围识别的场景。高频天线广泛应用于支付系统、图书管理、票务系统等领域。

第三，超高频天线。超高频天线工作在860～960MHz的频段。超高频天线具有更长的读取范围和更高的通信速率，适用于大规模物品追踪和供应链管理等需要远距离识别的场景。超高频天线常见于零售库存管理、物流追踪和车辆识别等应用领域。

第四，微波天线。微波天线工作在2.45GHz或5.8GHz等频段。微波天线具有非常高的通信速率和远距离读取范围，适用于高速移动物体的识别和复杂环境中的应用。微波天线常见于智能交通系统、智能制造和物联网应用中。

总之，不同工作频段的RFID系统天线在原理和设计上存在本质的不同。通过选择适合工作频段的天线，可以满足不同场景的需求，实现高效准确的物体识别和追踪。

② RFID 中间件技术。RFID 中间件技术在 RFID 大规模应用中扮演着关键的角色，位于 RFID 产业链的核心地带。它承担着连接前端读写器模块与后端应用软件的重要任务，属于一种介于应用系统和系统软件之间的中间软件。RFID 中间件的作用是连接不同的应用系统，并通过隐藏各种复杂的技术细节，实现资源和功能的共享。RFID 中间件有如下特点。

第一，RFID 中间件通过实施一个高度可配置且分布式的架构，实现了数据的高效可靠传输。这种架构设计的核心在于其能够兼容并处理多元化的通信协议、编程语言、应用程序以及硬件和软件平台，从而确保了在不同操作环境中实现无缝的集成与协同。

第二，从逻辑结构上看，RFID 中间件包含了一系列核心组件，这些组件包括读写器适配层、事件处理引擎以及应用接口层。这些组件依据其在系统内的功能和所采用的技术差异，被进一步细化为多种类型，如数据访问中间件、过程调用中间件和消息传递中间件等。每种类型均针对特定任务和应用场景进行了优化，以满足不同用户群体的需求。

第三，RFID 中间件可被归类为非独立式和独立通用式两种。这两类中间件均具备独立的架构设计和流程控制，支持多种编程标准，并包含状态监控和安全防护功能。这种设计上的灵活性使得中间件能够适应复杂多变的环境和应用需求，为用户提供高度定制化的解决方案。

第四，RFID 中间件以消息驱动为核心机制，通过异步消息传递实现信息的交换与共享。在这一过程中，中间件发挥着至关重要的作用，包括数据的解析、安全传输、错误恢复、状态监控以及资源定位等，以确保数据在传输过程中的准确性和完整性。中间件还能够有效地管理 RFID 读写器设备的操作，实现设备间的协调与配合。在分布式环境中，中间件通过遵循特定的规则，筛选出冗余数据，确保只有有效且必要的信息被传送至应用系统，从而显著提升了系统的整体性能和效率。

③ RFID 中间件接入技术和业务集成技术。RFID 中间件接入技术和业务集成技术在现代企业中扮演着至关重要的角色。RFID 中间件作为读写器与应用系统之间的桥梁，承担着将原始的 RFID 数据转化为可供企业应用系统使用的结构化数据的任务。它不仅仅是简单地传递数据，更是通过一系列技术手段，确保数据的准确性、完整性和及时性，从而为企业提供高效的数据管理和业务运营支持。

第一，RFID 读写器设备接入技术。RFID 读写器设备接入技术的发展是实现 RFID 系统高效运行的基础。随着技术的不断进步，RFID 读写器设备不仅在读取标签数据的速度和精度上有了显著提升，还在接入网络和系统的灵活性上有了更多选择。例如，采用无线网络接入技术的读写器设备可以实现灵活布置，无须受到布线限制，极大地方便了系统部署和维护。读写器设备的多样化和标准化也为企业提供了更多的选择空间，可以使企业根据具体的业务需求和环境特点选择最适合的设备，从而提升系统的整体性能和稳定性。

第二，RFID中间件业务集成技术。RFID中间件业务集成技术的发展是实现RFID系统与企业应用系统无缝对接的关键。中间件不仅负责将原始数据进行解析和转换，更重要的是将转换后的数据与企业现有的业务系统进行集成，实现数据的自动传输和共享。在这个过程中，业务集成技术起着关键作用，它可以通过标准的接口和协议，实现不同系统之间的数据交换和通信，确保数据的一致性和可靠性。同时，基于中间件的业务集成技术还可以实现企业内部各个部门之间的数据共享和协同，促进信息流动和业务流程的优化，从而提高企业的整体运营效率和竞争力。

④ RFID系统的防碰撞技术。RFID系统的防碰撞技术一直是该领域研究的重要方向，其在现代物联网、供应链管理、智能制造等领域的应用需求下愈加凸显出重要性。防碰撞技术的研究不仅关乎着RFID系统的性能表现，更是直接影响到了系统的稳定性、可靠性和实用性。在RFID系统中，碰撞的产生主要是由于大量的标签同时存在于读写器的通信范围内，导致它们同时响应而产生干扰，降低了数据传输的效率。因此，如何有效地解决碰撞问题成为了RFID系统设计与实现中的关键挑战之一。

第一，系统防碰撞技术。系统防碰撞技术需要综合考虑多个方面因素，包括硬件设备、通信协议、算法设计等。在硬件设备方面，需要设计具有高灵敏度和高抗干扰能力的读写器，并配备优质的天线系统以提高标签的识别率。在通信协议方面，需要采用高效的通信协议，如EPCglobal标准协议，以实现标签的快速识别和数据传输。同时，算法设计也是至关重要的一环，各种防碰撞算法的设计与优化直接决定了系统的性能表现。

第二，阅读器防碰撞算法，主要有Colorware算法、Q-Learning算法和Pulse算法。这些算法旨在通过合理的标签选择和通信调度，减少碰撞的发生，并有效地识别和读取标签信息。Colorware算法基于标签的颜色编码进行冲突解决，Q-Learning算法利用强化学习的方法动态调整读取策略，而Pulse算法则通过时间分割的方式来降低碰撞概率。这些算法各具特点，可根据具体场景选择合适的应用。

第三，标签防碰撞算法，主要有基于ALOHA的算法、基于树的算法和基于计数器的算法。基于ALOHA的算法是最基本的标签防碰撞算法之一，它通过随机的方式让标签进行通信，但容易导致碰撞严重。为了提高效率，研究者提出了基于树的算法和基于计数器的算法。基于树的算法将标签分组并进行层次化的冲突解决，而基于计数器的算法则利用标签的计数器来避免碰撞，有效地提高了系统的吞吐量和性能。

⑤ 条形码技术。条形码（BurCode，简称条码）是由宽度不同、反射率不同的条（黑色）和空（白色），按照一定的编码规则编制，用以表达一组数字或字

母符号信息的图形标识，在现代物流、零售和制造业等领域得到广泛应用。在RFID技术的发展过程中，条形码技术一直是一个重要的参考点。

第一，一维条形码技术。一维条形码技术是最早应用于商业领域的一种自动识别技术。它采用一系列平行线和空白间隙来表示字符。一维条形码的存储能力有限，通常只能存储少量的信息，如产品的编号或价格。尽管一维条形码在一段时间内为商品追踪和库存管理提供了便利，但其信息容量有限，易受损坏，不易扩展。

第二，二维条形码技术。随着技术的进步，二维条形码技术应运而生，为解决一维条形码的局限性提供了新的方案。二维条形码不仅可以存储更多的信息，而且可以存储文本、链接、图像等多种数据类型。这使得二维条形码被广泛用于票务、支付、身份识别等领域。其独特的编码结构使得二维条形码具有更高的容错能力，即使在部分损坏的情况下，也能正确识别其中的信息。然而，尽管二维条形码在信息存储和识别方面有了显著的改进，但它仍然存在一些局限性。例如，二维条形码需要相对较高的分辨率来进行扫描，而且扫描速度相对较慢。由于其编码结构的复杂性，生成和解码二维条形码所需的计算资源也较多，这对于一些资源受限的设备来说可能是一个挑战。

随着RFID技术的发展，尤其是被广泛应用于物联网（IoT）和智能制造等领域，传统的条形码技术面临着新的挑战。RFID技术不仅可以实现对物品的远程识别和跟踪，还可以实现实时监控和管理。相比条形码技术，RFID技术具有更高的识别速度、更大的存储容量和更强的抗干扰能力，使其在现代供应链管理和物流跟踪中得到了广泛的应用。

3. RFID技术的应用

① 物流存储管理。在现代物流行业中，RFID技术被广泛应用于存储管理系统中。通过在货物上植入RFID标签，物流公司能够实时跟踪和监控货物的运输情况，从而实现货物的精准定位和库存管理。这种精细化的管理系统不仅提高了物流效率，降低了管理成本，还能够降低货物丢失和损坏的风险，从而为物流行业的发展提供了强有力的支持。

② 宠物管理。RFID技术在宠物管理领域的应用也越来越普遍。通过为宠物植入微型RFID芯片，宠物主人可以轻松地追踪和定位自己的宠物，确保它们不会走失或被盗。RFID技术还可以用于宠物医疗记录的管理，帮助兽医了解宠物的健康状况和治疗历史，为宠物提供更好的医疗保健服务。

③ 煤矿管理。在煤矿行业，RFID技术被广泛应用于矿工的安全管理和生产监控中。通过在矿工的工作服或安全帽上植入RFID标签，煤矿管理部门可以实时监测矿工的位置和活动轨迹，及时发现并应对潜在的安全风险。RFID技术还可以用于煤矿设备的管理和维护，提高设备利用率和生产效率，保障煤矿生产的安全和稳定。

④ 智能停车场管理。RFID技术在智能停车场管理中发挥着重要作用。通过

在车辆上安装 RFID 标签，停车场管理系统可以实时记录车辆的进出时间和停放位置，实现停车场的自动识别和管理。这种智能化的管理系统不仅提高了停车场的利用率和运营效率，还能够减少停车场管理人员的工作量，提升用户的停车体验。

（二）传感器技术

传感器是一种信息收集和检测装置，可以采集物体或环境的状态信息，并将收集到的信息转化为电信号传输出去。传感器类似于人的神经末梢，是整个物联网体系架构中的核心部件。传感器的主要功能就是所有的信息处理必须经过传感器。在物联网中，传感器始终存在于很重要的位置，是物联网取得相关数据的基本设备。传感器有很多种，同类型被测量能使用不同类型的传感器来进行测量，同时同类原理的传感器能测量多种物理量，所以传感器有很多的分类方式。常用的分类有以下两种。

1. 网络传感器技术

网络通信技术在技术的不断革新中渐渐发展并且融入社会的各个领域，各种可靠性强、耗能低、性价比高、体积微小的网络芯片被研发出来，加工微电子机械的技术中，将网络接口芯片与智能传感器相结合，通过相应协议强化到智能传感器的 ROM 里，就促使了网络传感器的有效发展与运行；人们要想解决各个智能传感器之间存在的兼容性问题，就要在网络条件下首先确定智能传感器接口的精确度，IEEE 机构完善了针对网络化智能传感器接口的精确数据。IEEE 1451.2 创设了智能传感器的接口模块组件的标准，这个标准定义了传感器网络适合运作的设备和微处理器之间的硬件、软件接口，是组成 IEEE 1451 标准的重要部分，为传感器与各种网络之间的信息传送提供了便捷。

2. 智能传感器技术

智能传感器的运作方式类似于人体器官之间的相互协调模式，通过模仿人体器官在工作时的行为模式来设计。它结合了科学测试的结果，并不断扩展信息检测的范围，降低了硬性标准，提高了传感器的性能稳定性，从而增强了其使用效果。它的优点如下：

① 信息存储和传输。通过将深入研究与科技手段相结合，全智能的集散系统得到了巨大的发展和推进。社会对智能系统功能和领域范围的需求也不断增加，尤其是满足人们基本通信需求的功能。智能传感器可以辨别和监控数据，实现人们所需的各种功能，并获得他们想要得到的各种数据。

② 自行补偿与计算。专家们一直在研究传感器的温度漂移和输出非线性问题。他们通过自行补偿方法进行深入探索，希望在解决这些问题时实现重大突破。在智能传感器的设计中，人们进行了许多尝试和变革，拓展了对自行补偿和计算功能的要求。他们使用多次测量的方式识别和测试信息，并通过计算机软件对数据进行处理，得到更准确的检测结果。

③ 智能传感器自行诊断。在系统电源开启时，智能传感器会进行自我检测，辨别传感器输出的知识，并经过反馈和数据分析环节将信息传送至系统内部。

④ 符合敏感效能。在广阔的自然环境中存在着许多神奇的物种和自然现象，其中很多现象暂时无法解释。因此人们在探索自然的过程中创造了各种方法，并且通过观察自然现象揭示物质背后的本质。智能传感器可以使用直接且简洁的检测方法，具备一定的敏感效能。它能够准确捕捉物体在运动中的变化，并提供物体所需的必要条件。

二、物联网的定位技术

物联网定位技术在当今数字化时代的各个行业中扮演着不可或缺的角色。在这个由互联设备、传感器和网络组成的巨大生态系统中，物联网的定位技术允许人们准确追踪和管理物理世界中的各种对象，从而实现更高效、更智能的运营和服务。

（一）卫星定位

卫星定位技术是当今物联网领域中至关重要的一部分，它为全球范围内的定位和导航提供了可靠的解决方案。

1. GPS 定位系统

全球定位系统（GPS）是由美国政府建立和维护的一套卫星导航系统。该系统由一组 24 颗卫星组成，它们围绕地球轨道运行，覆盖全球范围，以提供准确的定位和导航服务。GPS 定位系统通过接收来自多颗卫星的信号，并结合特定的定位算法，可以确定接收设备的精确位置、速度和时间。这种定位系统在民用和军事领域都有广泛的应用，涵盖了交通导航、航空航海、地理信息系统等多个领域。

2. 格洛纳斯系统

格洛纳斯系统是由俄罗斯政府开发和运营的卫星导航系统，旨在为俄罗斯及其周边地区提供定位和导航服务。该系统包括一组全球覆盖的卫星，以及地面控制站和用户设备。与 GPS 类似，格洛纳斯系统也能够提供精确的位置信息，但其主要服务对象是俄罗斯及其邻近国家的用户。格洛纳斯系统在军事、民用航空、地质勘探等领域具有重要意义。

3. 北斗卫星导航系统

北斗卫星导航系统是中国自主研发建设的全球卫星导航系统，旨在为全球用户提供高精度的定位、导航和时间服务。该系统由一组北斗卫星组成，覆盖全球范围，具有更高的定位精度和服务可用性。北斗系统不仅可以满足中国国内的定位需求，还可以为全球范围内的用户提供可靠的定位服务。北斗卫星导航系统在交通运输、精准农业、应急救援等领域有着广泛的应用前景。

（二）蜂窝定位

蜂窝定位技术是一种利用移动通信网络中的基站布局来实现对移动设备位置估算的技术。在移动通信网络中，基站按照一定的布局分布，形成类似蜂窝的覆盖区域，每个基站负责覆盖一定的地理范围，并与位于其覆盖区域内的移动设备进行通信。基于这种网络结构，蜂窝定位技术应运而生，为移动设备提供了一种快速、便捷的定位解决方案。蜂窝定位主要有以下形式：

第一，COO定位。COO定位即"起源蜂窝"定位，是蜂窝定位技术中最基础的一种形式，是一种基于移动设备所连接的蜂窝基站的位置来确定设备位置的方法。通过识别设备所在的基站，可以粗略确定设备的位置范围。这种方法的定位精度通常较低，但成本相对较低，适用于对定位精度要求不高的应用场景。

第二，TOA定位/TDOA定位。TOA定位和TDOA定位是基于测量信号到达时间或信号到达时间差来确定设备位置的方法。通过多个基站之间的信号传输延迟差异，可以计算出设备相对于基站的位置。这种方法通常具有较高的定位精度，适用于需要精准定位的应用，如紧急救援和智能导航等。

第三，AOA定位。AOA定位是通过测量信号到达多个基站的入射角度来确定设备位置的方法。通过分析信号的入射角度，可以计算出设备相对于基站的位置。AOA定位通常需要设备具备多天线接收能力，并且需要较为复杂的信号处理算法，但其定位精度较高，适用于室内定位和无线通信系统的优化。

第四，A-GPS定位。A-GPS定位是一种结合GPS和蜂窝网络的定位方法。通过蜂窝网络传输辅助数据，如卫星信息、时钟校准等，可以加速GPS定位的过程，并提高定位的可靠性和精度。A-GPS定位广泛应用于移动电话和车载导航系统等设备中。

除了上述常见的蜂窝定位方法外，还有基于场强的定位和七号信令定位等无线定位方法。这些方法根据信号传播特性和接收设备的不同，具有各自的优缺点，可根据实际应用需求进行选择和组合。

（三）Wi-Fi定位

Wi-Fi定位技术（利用Wi-Fi信号来确定移动设备的位置）作为物联网领域中的重要组成部分，已经在多个领域得到了广泛的应用。

1. 信号强度定位

Wi-Fi信号强度定位是一种基于接收到的Wi-Fi信号强度来确定设备位置的方法。通过测量设备与周围Wi-Fi接入点之间的信号强度，并结合预先建立的信号强度地图，可以推断设备相对于这些接入点的位置。这种方法的定位精度通常取决于Wi-Fi接入点的分布密度和信号衰减模型，适用于室内定位和城市环境下的位置服务。

2. 指纹定位

Wi-Fi指纹定位是一种通过构建Wi-Fi信号的"指纹库"来实现设备定位的

方法。在预先采集到的不同位置，测量并记录 Wi-Fi 信号的强度、MAC 地址等特征信息，形成一个指纹库。当设备需要定位时，通过比对接收到的 Wi-Fi 信号特征与指纹库中的数据，来确定设备所在位置。这种方法的定位精度较高，适用于需要精准定位的应用场景，如室内导航和商场营销等。

第二节　物联网的设备识别技术

物联网通过将各种物理设备连接到互联网，实现数据的收集、交换和智能处理，从而极大地推动了智能化、自动化的进程。在物联网系统中，设备识别技术扮演着至关重要的角色，它是实现设备之间通信、管理和服务的基础。

一、设备识别技术的定义与原理

设备识别技术，作为物联网中的核心组成部分，旨在通过特定技术手段对物联网中的设备进行唯一标识和识别。这一过程基于多种技术手段，包括但不限于物理标识、电子标签以及软件协议等。核心在于为每个设备分配一个唯一的标识符（ID），通过这一标识符，系统能够精确地识别和管理设备，从而实现设备的互联互通。

物联网设备识别技术的实现基于以下重要原理：

首先，设备需要具备唯一的标识符，这通常通过在设备制造过程中为其分配唯一的序列号或者标签实现。这样的标识符可以是物理上的，如在设备上刻印的条形码，也可以是电子标签。

其次，设备识别技术涉及识别和解析这些标识符的过程，这通常需要依赖于特定的软件协议和算法。例如，通过扫描设备上的条形码或者读取其 RFID 标签，系统可以识别并解析出设备的唯一 ID 信息。

最后，识别到设备的唯一 ID 后，系统需要进行相应的管理和控制，以确保设备能够被正确地接入和操作。这包括设备的注册、身份验证以及权限管理等过程，以保障物联网系统的安全性和稳定性。

二、设备识别技术的分类

（一）物理标识技术

物理标识技术是一种通过在设备上添加物理标记来实现设备的识别的技术手段。典型的物理标识技术包括一维条形码、二维条形码等。这些标记可以直接附加在设备表面，或者嵌入设备结构中。物理标识技术的优点在于成本低廉、易于实现，且操作简便。然而，其受限于标记的可见性和易损性，因此仅在一些简单的应用场景中得到广泛应用。

（二）电子标签技术

电子标签技术是一种通过在设备上嵌入电子标签来实现设备的识别的技术手段。这些电子标签可以存储设备的唯一标识符和其他相关信息，并通过无线通信技术将信息传输给读取器。电子标签技术具有非接触式、高可靠性、可存储大量信息等优点，因此被广泛应用于物流、仓储、身份认证等领域。它们能够实现对设备快速、准确地识别和追踪，提高了物联网系统的效率和可靠性。

（三）软件协议技术

软件协议技术是一种通过软件协议来实现设备识别的技术手段。这些协议通常定义了设备的通信方式、数据格式、安全策略等规范。常见的软件协议技术包括 IP 地址、MAC 地址、蓝牙地址等。相比于物理标识技术和电子标签技术，软件协议技术具有高度的灵活性和可扩展性，适用于各种复杂的物联网应用场景。通过这些协议，设备能够在网络中被唯一标识和定位，从而实现了设备之间的互联互通和信息交换。

三、设备识别技术的应用场景

（一）智能家居

智能家居领域是设备识别技术的重要应用场景之一。通过为家电设备分配唯一的标识符，系统能够实现设备的互联互通和智能控制。例如，智能冰箱、智能灯具等设备可以通过设备识别技术与智能家居控制中心相连，实现远程控制、定时开关、场景模式等功能。用户可以通过智能手机或者语音助手对家居设备进行便捷操作，提升了生活的舒适度和便利性。设备识别技术还能够实现智能家居设备之间的智能互联，使得不同设备能够根据用户的习惯和需求进行智能化联动，进一步提高了居家生活的便捷性和智能化水平。

（二）工业自动化

在工业自动化领域，设备识别技术发挥着关键作用。通过实时监控和远程管理生产设备，系统可以提高生产效率、降低成本、优化生产调度等。设备识别技术可以实现对生产设备的唯一标识和定位，从而实时获取设备的运行状态、生产数据等信息。这些信息对于生产调度、质量控制、预防性维护等方面都具有重要意义，有助于企业提升竞争力和生产效率。设备识别技术还能够实现工业设备之间的互联互通，使得生产线上的各个环节能够实现智能化协同操作，提高了工业生产的自动化水平和智能化程度。

（三）物流管理

在物流管理领域，设备识别技术可以实现货物的实时跟踪和追溯。通过在货物上添加电子标签等识别设备，系统可以实时获取货物的位置信息、运输状态等。这些信息对于物流企业和用户来说都至关重要，可以帮助他们更准确地了解货物的流转情况，提高物流管理的效率和准确性。同时，设备识别技术还可以帮助物流企业优化运输路线、提升配送效率、降低物流成本。通过设备识别技术，物流企业还能够实现对货物的安全监控，防止货物丢失或者被盗抢，提升了物流运输的安全性和可靠性。

（四）身份认证

设备识别技术在身份认证领域也有着广泛的应用。通过识别用户设备的唯一标识符，系统可以准确识别用户身份，并进行安全验证。这种身份认证方式相比传统的用户名密码认证更加安全可靠，可以有效防止身份伪造和盗号等风险。因此，设备识别技术在金融、电子商务、网络安全等领域得到了广泛应用，为用户提供了更安全、便捷的身份验证方式。同时，设备识别技术还可以实现设备之间的身份认证，确保只有授权设备能够进行通信和数据交换，提高了系统的安全性和稳定性。

四、设备识别技术的发展趋势

（一）精度与效率的提升

随着技术的不断进步，设备识别技术的精度和效率将得到进一步提升。未来，设备识别技术将能够更准确地识别设备、更快地传输数据，满足物联网系统对准确性和实时性的要求。这一趋势将主要受益于深度学习、计算机视觉等技术的发展，使得设备识别系统能够更好地理解和分析设备的特征信息，从而提高识别的准确性和速度。同时，随着硬件设备的性能不断提升，设备识别技术在处理大规模数据和复杂场景时的效率也将得到显著提高，为物联网应用提供更高效的支持。

（二）安全性与可靠性的增强

随着物联网应用场景的不断扩展，设备识别技术的安全性和可靠性将受到更多关注。未来，设备识别技术将更加注重数据加密、身份认证等安全措施的应用，提高系统的抗攻击能力和数据保护能力。这一趋势将包括加强设备身份验证机制、加密通信协议的应用、建立安全的数据存储和传输机制等方面。通过对安全性的持续提升，设备识别技术能够更好地保护用户的隐私和数据安全，增强物联网系统的稳定性和可信度。

（三）智能化与自适应性

随着人工智能技术的发展，设备识别技术将逐渐实现智能化和自适应性。未来，设备识别技术将能够自动学习、自适应地调整识别参数和策略，提高系统的智能化水平和自适应能力。这一趋势将使设备识别系统能够根据环境变化和数据反馈不断优化识别算法和模型，从而更好地适应不同的应用场景和设备类型。通过智能化的设备识别技术，物联网系统将能够更加智能地理解和响应用户需求，实现更高水平的个性化服务和用户体验。

（四）跨平台与跨协议的兼容性

随着物联网设备的多样性和复杂性不断增加，设备识别技术将更加注重跨平台和跨协议的兼容性。未来，设备识别技术将能够支持多种平台和协议的设备识别和通信，实现设备之间的无缝连接和协同工作。这一趋势将促使设备识别技术在设计和实现时考虑更多的标准化和开放性，使得不同厂商生产的设备能够在不同的网络环境和系统平台下实现互联互通。通过跨平台和跨协议的兼容性，设备识别技术将为物联网系统的整合和扩展提供更大的灵活性和便利性，推动物联网生态系统的进一步发展和壮大。

第三节　物联网的数据可视化技术

物联网通过数据的融合，为人们洞察真实世界提供了桥梁。通过先进的二维与三维数据可视化技术，人们能够更加深入且准确地理解物理世界的内在规律。具体而言，二维数据可视化技术通过实时呈现于屏幕之上的设备运行状态图像，为用户提供了便捷的监控与管理工具，同时也实现了设备位置的精准定位，使得用户可以远程、实时地掌握设备的位置信息。三维数据可视化则通过创新的模型与编辑器，使用户能够通过简单的拖拽操作快速构建模型，进而形象地描绘物联网设备间的复杂关联，从而构建出三维的、具有强烈沉浸感的数据场景。

数据可视化，作为一门专注于数据视觉表达形式的科学，致力于将信息以某种概要的形式进行提取和展示，其中包含了信息单位的各种属性和变量。通过大数据可视化分析技术，可以将大量的数据转化为人类易于理解和分析的形式，帮助人们更加深入地了解数据的规律和意义，从而实现更加科学、准确和有效的决策[1]。随着技术的不断进步，数据可视化的边界也在不断地拓展，它充分利用了图形图像处理技术、计算机视觉技术以及用户界面技术等手段，通过表达、建模以及对立体、表面、属性和动画的展示，实现了对数据的直观化、可视化解读。相较于立体建模等特定技术方法，数据可视化的技术范畴显得更为广泛和多元。

一、物联网数据可视化的意义

数据可视化技术通过精心设计的、易于理解和操作的图表，显著优化了用户的视觉体验，降低了数据解读的复杂性，从而有效地以数字形式讲述信息背后的故事。从更深层次理解，数据可视化不仅仅是"数据"与"可视化"的简单结

---

❶ 杨政安 . 大数据可视化分析技术运用探析 [J]. 科技创新与应用，2023，13（32）：46.

合，而且是基于数据内容的深度挖掘和图形化表达的有机结合。数据内容作为可视化的核心要素，是信息传达的基石，而视觉化的手段则是这一基石得以有效展示和理解的媒介。单纯追求视觉效果的炫酷，而忽视数据内容的优质性，将难以发挥数据可视化的真正价值。

数据可视化技术的核心在于帮助人们更深入地分析数据，而信息的质量在很大程度上取决于其表达方式。通过对由数字构成的原始数据进行分析和解读，将其转化为直观、易于理解的图形化表达，从而揭示数据背后的深层含义。

数据可视化的本质在于实现信息的视觉化对话。它融合了技术与艺术的精髓，通过图形化的手段，清晰、有效地传达和沟通信息。在这一过程中，数据为可视化提供了实质性的内容支撑，而可视化则赋予了数据更加生动、直观的表现形式。两者相辅相成，共同助力企业从繁杂的信息中提炼出有价值的知识，进而实现知识的价值化转化。

数据可视化的意义深远且多维，其在现代信息处理和决策支持中扮演着至关重要的角色。以下是数据可视化的意义。

第一，信息传递的高效率。数据可视化在信息传递方面具有显著的优势。人脑对视觉信息的处理速度远超书面信息，比书面信息快 10 倍。这意味着当使用图表来总结和展示复杂数据时，人们能够更快地理解和把握数据之间的关系。相较于混乱的报告或电子表格，数据可视化能够迅速地将数据中的关键信息呈现出来，极大地提高了信息处理的效率。

第二，数据的多维展示。数据可视化在展示数据的多个维度方面表现出色。在可视化的分析过程中，数据中的每一维的值都可以被分类、排序、组合和显示。这使得人们能够看到表示对象或事件的数据的多个属性或变量，从而更全面地了解数据的内在规律和特征。这种多维度的展示方式有助于人们更深入地挖掘数据中的潜在价值，为决策提供更加全面和准确的支持。

第三，信息的直观呈现。数据可视化在呈现信息方面具有直观性强的特点。通过精心设计的图形和图像，大数据可视化报告能够用简单的形式展现复杂的信息。这些图形和图像不仅易于理解，而且能够直观地展示数据之间的关系和趋势。对于决策者来说，他们可以轻松地解释各种不同的数据源，从而更快速地做出决策。丰富且有意义的图形还有助于忙碌的主管和业务伙伴快速了解问题和未决的计划，提高团队协作的效率和效果。

第四，符合大脑记忆规律。数据可视化还符合人类大脑的记忆规律。在观察物体时，大脑和计算机一样具有长期的记忆（类似于硬盘）和短期的记忆（类似于内存）。信息只有经过多次短期记忆的重复处理，才能转化为长期记忆。数据可视化通过图文结合的方式，将信息以直观、有趣的形式呈现给读者，有助于他们更好地理解和记忆所学内容。这种图文结合的方式不仅提高了信息的可读性，还增强了信息的吸引力，使读者更愿意花时间去学习和理解。

第五，提升决策质量。数据可视化在提升决策质量方面发挥着重要作用。通过直观、全面地展示数据，数据可视化能够帮助决策者更准确地把握市场趋势、用户需求、产品性能等方面的信息。这使得决策者能够基于更全面的数据支持，制定更加科学、合理的决策方案。同时，数据可视化还能够及时发现数据中的异常值和潜在风险，为决策者提供预警和参考，从而避免或减少不必要的损失。

第六，促进跨学科交流。数据可视化在促进跨学科交流方面也具有重要作用。由于不同学科的研究方法和数据形式存在差异，传统的文字报告或电子表格难以满足不同学科之间的信息交流需求。而数据可视化通过直观、生动的图形和图像，将复杂的数据转化为易于理解的视觉信息，有助于打破学科壁垒，促进不同学科之间的交流和合作。这种跨学科的交流有助于整合不同领域的知识和资源，推动科研和产业的创新发展。

第七，激发创新思维。数据可视化还具有激发创新思维的作用。通过可视化技术，可以将抽象的数据转化为具体的图形和图像，从而激发人们的想象力和创造力。这种创新思维的激发有助于人们发现新的研究问题、提出新的解决方案、创造新的应用场景等。同时，数据可视化还能够为科研人员提供新的研究工具和方法，推动科研工作的深入发展。

二、物联网数据可视化的分类

通过数据可视化，人们可以直观地理解并分析物联网设备产生的海量数据，进而为决策提供支持。为了实现这一目的，多种数据可视化工具应运而生，它们各自适应不同的技术需求和应用场景。

（一）基础可视化工具

对于非专业用户或数据量较小的应用，一些基础的可视化工具已经足够使用。其中，Microsoft Excel 因其界面友好、操作简便而广受欢迎。然而，随着数据量的不断增长，Excel 在处理大规模数据集时的性能逐渐下降，因此它更多地被用于简单的数据处理和初步的可视化展示。

（二）基于 Web 的可视化工具

对于需要在线协作或实时分享数据的应用场景，Google Spreadsheets 等基于 Web 的可视化工具提供了解决方案。这些工具允许用户在线创建、编辑和分享表格数据，并支持多种数据格式的导入和导出；还提供了丰富的可视化选项，使用户能够轻松地将数据转化为图表。

（三）专业级可视化工具

对于更为复杂的数据分析和可视化需求，专业级的数据可视化工具如 Tableau Software 则更为适用。这些工具不仅提供了强大的数据处理和分析功能，还支持多种数据可视化技术的实现。与 Excel 相比，它们能够处理更大规模的数据集，并支持更多的可视化选项和交互功能。同时，它们通常也提供了更为丰富的 API 和插件支持，方便用户进行二次开发和定制化。

（四）编程语言实现的可视化

除了上述的可视化工具外，还有一些需要编程语言的工具可以实现数据可视化。这些工具包括 R、Java、HTML、SVG、CSS、Processing、Python 等。这些编程语言提供了更为灵活和强大的数据可视化功能，用户可以根据自己的需求进行定制化开发。例如，R 语言以其强大的统计分析和可视化能力而受到广泛关注，Python 则凭借其简洁易学的语法和丰富的库支持成为数据科学领域的热门选择。

三、物联网数据可视化的流程

在当今这个信息爆炸的时代，数据可视化作为一种强大的工具，在各个领域中都扮演着至关重要的角色。它不仅能够帮助人们更好地理解和分析数据，还能将复杂的信息以直观、易懂的形式展现出来。

（一）明确分析目标

数据可视化的第一步是明确分析目标。这是整个流程的基础，也是后续工作的指导方向。在确定分析目标时，需要清晰地定义问题的范围、目的和期望的结果。这不仅有助于更好地理解问题，还能确保后续的数据收集、处理和分析都能围绕这一目标展开。

（二）全面收集数据

在明确了分析目标之后，接下来就需要进行数据的收集。数据的来源多种多样，可能包括数据库、API 接口、日志文件、调查问卷等。需要根据分析目标，选择合适的数据来源，并确保数据的准确性和完整性。在收集数据的过程中，我们还需要注意数据的格式和规范性，以便于后续的处理和分析。

（三）精细处理数据

在收集到数据后，就需要对数据进行处理。数据处理是数据可视化流程中至关重要的一个环节。它涉及数据的清洗、转换、整合等多个方面。在数据清洗阶段，需要发现并解决数据中的错误、缺失值和重复项；在数据转换阶段，需要将数据转换为适合分析的形式；在数据整合阶段，需要将不同来源的数据进行合并和整理。通过数据处理，可以确保数据的准确性和一致性，为后续的分析提供坚实的基础。

（四）深入分析数据

处理后的数据就可以进行深入的分析了。数据分析是数据可视化流程中最具挑战性和价值的一个环节。在这一阶段，需要运用统计学、数据挖掘、机器学习等多种技术和方法，对数据进行深入探究和解读。通过数据分析，可以发现数据中的模式、趋势和关联关系，揭示隐藏在数据背后的业务价值或科学发现。然而，数据分析也是一项复杂而烦琐的工作，需要分析人员具备扎实的专业知识和丰富的实践经验。

（五）精准可视化呈现

在数据分析完成后，就需要将结果以可视化的形式呈现出来。可视化呈现是数据可视化流程中的最后一个环节，也是最为直观和生动的一个环节。在这一阶段，需要选择合适的可视化技术和工具（如图表、热力图、网络图等），将数据转化为易于理解和分析的图形和图像。通过可视化呈现，可以直观地展示数据的特征和规律，帮助用户更好地理解数据背后的含义。同时，还可以根据可视化结果提出有针对性的建议和措施，为业务决策或科学研究提供有力支持。

四、互联网可视化工具

随着互联网技术的迅猛发展，数据可视化工具成为了分析和展示海量数据的重要工具。以下是对主流的互联网可视化工具的学术性解析，旨在深入探讨其特点、功能与应用场景。

第一，AnyChart。AnyChart 是一个基于 Flash/JavaScript（HTML5）的图表解决方案，具有出色的跨浏览器和跨平台兼容性。除了基础图表功能外，它还提供了收费的交互式图表和仪表功能，为开发者提供了丰富的选择。AnyChart 支持通过 XML 格式获取数据，使得数据点的控制更加灵活。当处理大量数据时，CSV 格式的数据输入可以显著减小数据文件大小和图表加载时间，提升用户体验。

第二，amCharts。amCharts 是一个高级图表库，支持多种图表类型，包括柱状图、线图、饼图等，为 Web 上的数据可视化提供了强大的支持。其完全独立的类库设计，无须依赖其他第三方库，即可直接编译运行。amCharts 的交互特性尤为出色，用户可以通过鼠标悬停与图表进行交互，获取更多细节信息。此外，动态动画的绘制效果为用户带来了极佳的视觉体验。

第三，Cesium。Cesium 是一个基于 WebGL 的 JavaScript 库，专注于地理数据可视化领域，能够在 Web 浏览器中绘制 3D/2D 地球。Cesium 无须插件支持，即可实现硬件加速，具有出色的跨平台和跨浏览器特性。其开源性质使得 Cesium 支持商业及非商业项目，为地理数据可视化提供了强有力的工具。

第四，Chart.js。Chart.js 是一个简单的、面向对象的图表绘制工具库，为设计和开发者提供了便捷的选择。它支持六种基础图表类型，可基于 HTML5 生成响应式图表，兼容所有现代浏览器。Chart.js 轻量级且支持模块化，开发者可以按需引入所需部分，以提高开发效率。同时，Chart.js 还支持可交互图表，为用户提供了更多可能性。

第五，Chartist.js。Chartist.js 是一个简洁实用的 JavaScript 图表生成工具，

支持 SVG 格式和多种图表展现形式。其 CSS 和 JavaScript 分离的设计使得代码更加简洁，配置流程简单易懂。Chartist.js 生成的图表具有响应式特性，可以自动适应不同浏览器尺寸和分辨率。此外，它还支持自定义 SASS 架构，为开发者提供了更多自定义选项。

第六，D3.js。D3.js 是一个 Web 端评价较高的 JavaScript 可视化工具库，能够创建复杂的图表样式，如 Voronoi 图、树形图等。D3.js 实例丰富，易于实现数据调试，并可通过扩展实现任何数据可视化需求。然而，其学习门槛较高，需要对 DOM 操作有一定了解。D3.js 直接对 DOM 进行操作，这是其与其他可视化工具的主要区别。

第七，Echarts。Echarts 是一个免费开源的数据可视化产品，提供了直观、生动、可交互和可个性化定制的图表。它上手简单，具有多种实用特性，如拖拽重计算、数据视图等，大大提升了用户体验。Echarts 支持丰富的图表类型，包括地图、力导向图等，并支持任意维度的堆积和多图表混合展现。尽管在某些版本中图表美观度和移动端支持有所不足，但官方已在最新版本中进行了显著改善。

第八，Flot。Flot 是一个纯 JavaScript 绘图库，作为 jQuery 的插件使用。它具有良好的跨浏览器兼容性，并允许开发者全面控制图表的动画和交互效果。基于 jQuery 的特性使得 Flot 在数据处理和呈现上更加灵活和高效。

第九，FusionCharts Free。FusionCharts Free 是一个跨平台、跨浏览器的 Flash 图表解决方案，可用于多种编程语言和平台。用户无须具备 Flash 知识，只需了解所用编程语言并进行简单调用即可实现应用。FusionCharts Free 为开发者提供了丰富的图表类型和灵活的定制选项，是数据可视化的有力工具。

第十，Highcharts 图表库。Highcharts 是一个备受欢迎的纯 JavaScript 图表库，以其精美的界面设计而著称。它由两个核心组件构成：Highcharts 和 Highstock。Highcharts 为 Web 网站和 Web 应用程序提供了便捷的交互式图表解决方案，并允许个人学习、个人网站及非商业用途的免费使用。其支持的图表包括曲线图、区域图、柱状图、饼状图、散点图等多种类型，满足了广泛的数据可视化需求。Highstock 则特别适用于构建股票图表或一般的时间轴图表，具有高级导航选项、预设日期范围、日期选择器、滚动和平移等特性，为用户提供了更为丰富的数据展示方式。

第十一，Leaflet 地图库。Leaflet 是一个功能强大的 JavaScript 交互式地图库，其设计初衷即是在桌面和移动端平台上均能高效运行。它基于 OpenStreetMap 的数据源，并将这些数据以可视化的形式呈现出来。Leaflet 的核心库体积小，但凭借其丰富的插件体系，可以轻松实现功能的扩展，广泛应用于与地理位置展示相关的项目中。

第十二，MetricsGraphics.js 数据可视化库。MetricsGraphics.js 是一个基于 D3.js 的数据可视化库，专门针对时间序列数据的可视化进行了优化。它提供了一种高效且一致的方式来生成多种类型的图形，如折线图、散点图、直方图、地毯图和基本的线性回归图等。MetricsGraphics.js 以其小巧的体积（通常控制在60KB 以内）和出色的性能，成为了数据可视化领域的热门选择。

第十三，Sigma.js 网络图绘制库。Sigma.js 是一个专注于网络图绘制的 JavaScript 库，它允许开发者轻松地在 Web 应用中集成网络图的可视化功能。Sigma.js 提供了丰富的配置项，使开发者能够灵活定义网络图的绘制方式。此外，它还提供了丰富的 API 接口，如视图移动、渲染刷新、事件监听等，进一步增强了交互性和可拓展性，为开发者在网络图的可视化领域提供了强大的支持。

第四节　物联网的网络通信技术

物联网（IoT）作为当今信息技术领域的重要分支，其核心在于实现各种设备、系统之间的互联互通。在这一过程中，网络通信技术发挥着至关重要的作用。物联网的网络通信技术主要分为两大类：有线通信技术和无线通信技术。这两大类技术各有特点，适用于不同的应用场景，共同推动着物联网的发展。

一、物联网有线通信技术

有线通信技术是指通过物理线路进行数据传输的通信方式。在物联网中，有线通信技术包括以太网、RS-232、RS-485、M-Bus 和 PLC 等。这些技术以其稳定性强、可靠性高的特点，在物联网的多个领域得到了广泛应用。

（一）以太网

以太网，作为一种广受欢迎的局域网通信协议标准，以其传输速度快、稳定性高、成本低廉等显著优势，在全球范围内得到了广泛的应用。它采用了星型拓扑结构，通过交换机或集线器等设备，将众多的计算机及网络设备连接成一个统一的网络体系，从而实现数据的高效、快速传输。这种结构不仅简化了网络的维护和管理，还大大提高了网络的可靠性和可扩展性。

以太网技术在工业自动化领域、智能楼宇系统，以及智能家居等方面都有着广泛的应用。在工业自动化领域，以太网能够满足工业生产对高速度、高稳定性、低延迟的需求，为生产流程的优化和智能化提供了坚实的基础。在智能楼宇系统中，以太网技术能够实现各种智能设备之间的无缝连接，为楼宇的智能化管理提供了强有力的支持。而在智能家居领域，以太网技术则使得家庭中的各种智能设备能够高效、稳定地连接在一起，为用户提供了便捷、智能的生活体验。

随着物联网技术的快速发展，以太网技术在其中的作用也日益凸显。它凭借稳定、高效的数据传输能力，为物联网的发展提供了有力的技术支持，使得物联网的应用更加广泛和深入。总的来说，以太网作为一种成熟的网络技术，在各个领域的应用都展现了强大的生命力和广阔的发展前景。

（二）RS-232 和 RS-485

RS-232 和 RS-485 这两种串行通信技术，因其稳定性和可靠性，被广泛应用于计算机与各类设备之间的数据传输与通信。它们在物联网的设备连接、数据采集等方面扮演着至关重要的角色。

RS-232 作为一种经典的串行通信协议，采用单端信号传输方式。这意味着它使用单一的信号路径进行数据传输，适用于较短距离和较低速率的数据交换。RS-232 接口因其简单、易用的特性，在早期的计算机和外围设备中得到了广泛的应用。然而，由于其传输距离和速率的限制，RS-232 在长距离、高速率的数据传输场景中显得力不从心。

与 RS-232 不同，RS-485 采用差分信号传输方式。这种传输方式使用两根信号线，一根用于传输正信号，另一根用于传输反相的信号。通过比较这两根信号线的电压差，RS-485 能够有效地抵抗外部干扰，从而实现更远距离、更高速率的数据传输。这使得 RS-485 在工业控制、智能仪表、远程数据采集等领域具有广泛的应用前景。

（三）M-Bus

M-Bus，全称为 Meter-Bus，是一种专为智能仪器传输而设计的欧洲总线标准。它以高传输速率和良好的稳定性而著称，成为智能仪器领域的重要通信协议之一。M-Bus 采用主从通信模式，通过单一的总线将多个智能仪器设备相互连接，实现了对数据的集中采集和传输。

在 M-Bus 通信网络中，通常有一个主站（Master）和多个从站（Slave）。主站负责发送命令，而从站则响应这些命令，发送数据或执行操作。这种主从结构使得 M-Bus 网络在数据采集和管理方面具有较高的灵活性和效率。M-Bus 总线可以轻松地扩展，支持大量智能仪器的同时接入，这对于大规模的数据采集系统来说尤为重要。

M-Bus 技术在智能仪表领域得到了广泛的应用。例如，在智能水表、电表、燃气表等仪表中，M-Bus 能够实现对这些仪表数据的远程读取和控制，大大提高了能源管理的自动化水平和效率。同时，M-Bus 在能源管理、环境监测等领域也有着重要的应用价值。它为物联网的数据采集和监控提供了一个高效、可靠的解决方案，有助于推动物联网技术在各个领域的深入应用。

随着物联网技术的不断发展和普及，M-Bus 作为智能仪器传输的关键技术之一，其应用范围和影响力也将不断扩大。在未来，M-Bus 有望在更多领域发挥其独特的作用，为物联网的数据传输和智能管理提供更加有力的支持。

（四）PLC

PLC 即可编程逻辑控制器，是一种基于电线传输的工业控制系统。它通过编写逻辑程序来控制工业设备，实现数据的采集、传输和控制功能。PLC 技术在工业自动化、智能制造等领域具有广泛的应用，发挥着至关重要的作用。

PLC 的核心功能是逻辑控制。通过编写程序，PLC 能够实现对工业设备的精确控制，从而完成各种复杂的工业生产任务。同时，PLC 还能够进行数据采集和传输，将现场设备的状态数据实时传输到上位机进行处理，为工业生产提供实时、准确的数据支持。

PLC 技术具有应用场景广泛、传输速率高、稳定性好等优点。在工业自动化领域，PLC 能够实现对各种工业设备的精确控制，提高生产效率和质量。在智能制造领域，PLC 能够与各种智能设备进行协同工作，实现生产过程的智能化和自动化。此外，PLC 在化工、电力、建筑、交通等领域也有着广泛的应用。

随着工业 4.0 和智能制造的不断发展，PLC 技术在未来的应用将更加广泛。它将与其他先进技术如物联网、人工智能等相结合，为工业生产提供更加智能化、自动化的解决方案。PLC 作为工业控制的核心技术之一，其在工业生产中的地位将更加重要，为工业生产的智能化和自动化提供更加有力的支持。

二、物联网无线通信技术

无线通信技术是指通过无线电波、微波等无线电信号进行数据传输的通信方式。在物联网中，无线通信技术包括短距离无线通信技术和广域网无线通信技术。

（一）短距离无线通信技术

短距离无线通信技术作为现代通信技术的重要组成部分，主要包括蓝牙、Wi-Fi、ZigBee 和 Z-Wave 等技术。这些技术各自具有独特的特点和应用场景，为物联网的发展提供了强大的技术支持。

1. 蓝牙技术

蓝牙技术作为一种短距离无线通信技术，主要用于设备之间的点对点连接。它采用跳频扩频技术，这使得蓝牙具有强大的抗干扰能力，能够在复杂的环境中稳定工作。蓝牙技术的传输距离较短，适合于小型、局部的设备互联。蓝牙技术在物联网的智能家居、可穿戴设备等领域具有广泛的应用。例如，在智能家居中，用户可以通过蓝牙技术控制智能灯泡、智能门锁等设备，实现便捷的数据传输和控制。

2. Wi-Fi 技术

Wi-Fi 技术作为一种常用的无线通信技术，通过无线局域网连接设备。它遵循 IEEE 802.11 系列标准，具有传输速度快、覆盖范围广等特点。Wi-Fi 技术在物联网的智能家居、智能办公等领域具有广泛应用。例如，在智能办公领域，Wi-Fi 技术可以实现高速、稳定的数据传输，为员工提供便捷的网络接入服务。

3. ZigBee 和 Z-Wave 技术

ZigBee 和 Z-Wave 技术主要用于低功耗、低速率的物联网设备之间的通信。ZigBee 技术遵循 IEEE 802.15.4 标准，具有低功耗、自组网等特点。这使得ZigBee 技术在智能家居、工业自动化等领域具有广泛的应用。例如，在智能家居中，ZigBee 技术可以实现设备之间的智能互联，如智能灯泡、智能插座等。Z-Wave 技术则遵循 Z-Wave 联盟标准，具有通信距离远、抗干扰能力强等特点。这使得 Z-Wave 技术在智能家居、智能安防等领域具有广泛的应用。例如，在智能安防领域，Z-Wave 技术可以为用户提供安全、可靠的数据传输服务。

（二）广域网无线通信技术

广域网无线通信技术作为连接广阔地理区域的关键技术，包括 2G/3G/4G/5G 蜂窝移动通信技术、LoRa、NB-IoT（窄带物联网）等多种技术。这些技术基于蜂窝网络，专为低功耗、低速率的物联网设备连接而设计。它们不仅具备通信距离远、覆盖范围广、通信成本低等优势，还能实现远程数据传输和控制，为物联网在智慧城市、智能交通等领域的应用提供了强有力的支持。

2G/3G/4G/5G 蜂窝移动通信技术作为广域网无线通信的核心，已经经历了多个发展阶段。从最初的 2G 语音通信，到 3G 的数据传输，再到 4G 的高速互联网接入，直至目前 5G 的超高速、低延迟通信，蜂窝移动通信技术不断进步，为物联网的发展提供了越来越强大的网络支持。这些技术不仅使得远程数据传输成为可能，还极大地推动了智慧城市、智能交通等领域的发展。

LoRa 和 NB-IoT 是两种专为物联网设计的广域网无线通信技术。LoRa 技术以其远距离传输、低功耗和易于部署等特点而受到青睐。它适用于各种物联网应用，如智能农业、环境监测等。NB-IoT 技术则以其低功耗、广覆盖、低成本等优势，在智能抄表、智能停车等领域得到了广泛应用。

无线通信技术以其灵活性高、可扩展性强等特点，在物联网中发挥着重要作用。然而，无线通信技术也存在一些挑战。无线通信技术的传输距离和传输速率受到环境因素的影响较大，如建筑物、地形等会影响无线电信号的传输。无线通信技术的安全性问题也值得关注。在物联网应用中，设备数量众多且分布广泛，无线通信技术的安全性问题可能会对整个网络的安全造成威胁。

第七章
新时期物联网的应用

第一节　农业物联网应用与发展

随着经济迅猛发展，科技创新日新月异，以及人类需求不断增长，物联网正朝着高速化、信息化、智能化方向不断推进，并逐渐融入生活中❶。在农业物联网的广阔领域中，应用实践是其核心价值与意义所在。通过具体的应用案例，能够清晰地看到物联网技术如何改善农业生产过程，提升农产品质量，优化农业资源配置，以及促进农业可持续发展。

一、智能种植管理

（一）作物生长监测与调控

在智能种植管理中，作物生长监测与调控是物联网技术应用的重点。通过部署在农田中的各类传感器，如土壤湿度传感器、温度传感器、光照传感器等，可以实时收集土壤、气候等环境数据。这些数据经过云计算管理平台的分析处理，能够为农民提供关于作物生长状态的准确信息。基于这些信息，农民可以精准地调控灌溉、施肥等农业生产活动，从而优化作物生长环境，提高作物产量和品质。

（二）精准施肥与灌溉

在精准农业的背景下，物联网技术为实现精准施肥与灌溉提供了有力支持。通过收集和分析土壤养分、作物需求等数据，可以制定个性化的施肥和灌溉方案。利用智能灌溉系统，可以根据作物需水量和土壤湿度自动调整灌溉水量和灌溉时间。同样，智能施肥系统可以根据土壤养分状况和作物需求自动调配肥料配比和施肥量。这些措施不仅可以节约水肥资源，还可以提高作物产量和品质。

---

❶ 戴晖，舒松. 物联网体系结构和关键技术研究［J］. 湖北成人教育学院学报，2014（6）：1.

（三）病虫害防治与预警

病虫害是农业生产中的一大难题。物联网技术通过实时监测作物生长环境和生理状态，可以及时发现病虫害的发生迹象。通过图像识别、光谱分析等先进技术，可以准确识别病虫害种类和程度。基于这些信息，农民可以及时采取防治措施，避免病虫害扩散造成损失。同时，物联网技术还可以实现病虫害预警功能，为农民提供预防病虫害的参考建议。

二、畜牧养殖管理

（一）畜禽健康监测与预警

在畜牧养殖领域，物联网技术同样发挥着重要作用。通过部署在养殖场的传感器和智能设备，可以实时监测畜禽的生长状态、生理指标以及环境参数等信息。这些数据可以帮助农民及时发现畜禽的健康问题或异常行为。基于大数据分析技术，还可以预测畜禽疾病的发生概率和流行趋势，为农民提供预警信息。这些措施有助于提高畜禽的健康水平和养殖效益。

（二）精准饲养与饲料管理

物联网技术还可以帮助农民实现精准饲养和饲料管理。通过收集和分析畜禽的生长数据、营养需求等信息，可以制定个性化的饲养方案。利用智能饲料投喂系统，可以根据畜禽的采食量和营养需求自动调整饲料配比和投喂量。这些措施不仅可以节约饲料资源，还可以提高畜禽的生长速度和肉质品质。

（三）畜产品溯源与质量安全

在畜产品安全监管方面，物联网技术也发挥着重要作用。通过为每个畜禽配备唯一的电子标签（RFID标签），可以记录其生长环境、饲养管理、疾病防治等全过程信息。这些信息可以为畜产品溯源提供可靠依据，帮助消费者了解畜产品的来源和质量状况。同时，物联网技术还可以实现畜产品质量安全追溯功能，一旦发现质量问题可以迅速查明原因并采取措施加以解决。

三、农业机械设备管理

（一）农业机械的智能化改造

随着物联网技术的发展和应用推广，越来越多的农业机械开始接受智能化改造。通过在农业机械上安装传感器和控制器等智能设备，可以实现农业机械的自动化控制和远程监控功能。这些功能不仅可以提高农业机械的作业效率和作业质量，还可以降低农民的劳动强度和安全风险。

（二）农机作业远程监控与调度

物联网技术还可以实现农机作业的远程监控与调度功能。通过部署在农田中的传感器网络和智能设备可以实时收集农机作业数据如作业位置、作业状态、作业质量等。这些数据可以传输到云计算管理平台进行分析处理并为农民提供决策支持信息。基于这些信息农民可以远程监控农机作业情况并根据实际情况调整作业计划和调度农机资源，以提高农机作业效率和资源利用率。

（三）农业机械维护与故障诊断

物联网技术还可以实现农业机械的维护与故障诊断功能。通过在农业机械上安装传感器和监测设备可以实时监测农业机械的运行状态和故障情况。一旦发现异常情况系统可以自动发出警报并提供故障诊断建议，帮助农民及时发现并解决问题，避免造成更大的损失。同时系统还可以记录农业机械的维护和故障历史，为农民提供维修参考和决策支持信息。

四、农业物流与供应链管理

（一）农业物联网在物流追踪中的应用

在农业物流领域，物联网技术可以实现农产品的实时追踪和监控功能。通过在农产品包装上安装 RFID 标签或二维条形码等智能标签可以记录农产品的生产、流通以及质量安全等信息。这些信息可以随着农产品的流通而不断更新并传输到云计算管理平台进行分析处理。消费者可以通过扫描智能标签上的二维条形码或查询云平台来了解农产品的来源、生产过程以及质量安全状况等信息，从而增强对农产品的信任度和购买意愿。

（二）农业供应链优化与协同管理

物联网技术可以实现农业供应链的优化与协同管理功能。通过实时收集和分析供应链中的各个环节的数据信息，可以实现对供应链的全面监控和协调管理。同时，物联网技术还可以促进供应链各环节之间的信息共享和协同作业，提高供应链的运作效率和响应速度。这不仅可以降低供应链成本，还可以提高农产品的市场竞争力和用户满意度。

第二节 基于云计算的物联网智慧照明应用

随着信息技术的迅猛发展，云计算和物联网技术已经成为推动社会进步的重要动力。在照明领域，传统照明方式已难以满足现代社会对高效、智能、节能的需求。因此，基于云计算的物联网智慧照明应用应运而生，它不仅提升了照明的智能化水平，还有效促进了节能减排和可持续发展。

一、云计算在智慧照明中的应用

云计算作为一种高效、灵活的信息处理技术，为智慧照明提供了强大的支持。首先，云计算通过虚拟化技术实现了照明数据的集中存储和管理，提高了数据处理的效率和安全性。其次，云计算管理平台提供了强大的计算能力，可以对大量的照明数据进行实时分析和处理，为照明管理提供科学依据。此外，云计算还通过云服务模式，实现了照明系统的远程监控和管理，提高了系统的灵活性和可扩展性。

在智慧照明应用中，云计算主要承担以下角色：

第一，数据中心。云计算管理平台作为数据中心，负责收集、存储和管理来自各个照明节点的数据。这些数据包括光照强度、色温、能耗等实时信息，以及用户行为、环境参数等历史数据。通过对这些数据的分析和挖掘，可以优化照明策略，提高照明效率。

第二，计算中心。云计算管理平台具有强大的计算能力，可以对照明数据进行实时分析和处理。例如，通过机器学习算法对光照数据进行预测分析，提前调整照明策略以应对环境变化；或者通过大数据分析用户行为模式，为用户提供个性化的照明服务。

第三，服务中心。云计算管理平台通过云服务模式为照明系统提供远程监控和管理服务。用户可以通过手机、电脑等终端设备随时随地查看照明系统的运行状态、能耗情况等信息，并进行远程控制和管理。同时，云计算管理平台还可以提供故障诊断和预警服务，帮助用户及时发现并解决问题。

二、物联网在智慧照明中的应用

物联网技术通过传感器、执行器等设备将照明节点与互联网连接起来，实现了照明系统的智能化管理。在智慧照明应用中，物联网主要承担以下任务：

第一，数据采集。物联网设备可以实时采集照明节点的光照强度、色温、能耗等数据，并将这些数据传输到云计算管理平台进行处理和分析。这些数据是优化照明策略、提高照明效率的重要依据。

第二，远程控制。物联网技术实现了对照明系统的远程控制和管理。用户可以通过手机、电脑等终端设备对照明系统进行开关、调光、调色等操作，实现对照明环境的个性化控制。同时，物联网技术还可以根据环境变化自动调整照明策略，提高照明的智能化水平。

第三，故障诊断与预警。物联网设备可以实时监测照明系统的运行状态和故障情况，并将这些信息传输到云计算管理平台进行处理和分析。一旦发现故障或异常情况，云计算管理平台会立即发出预警信息并通知用户进行处理，确保照明系统的稳定运行。

三、基于云计算的物联网智慧照明系统的优势

基于云计算的物联网智慧照明系统具有以下优势：

第一，高效节能。通过实时分析和处理照明数据，优化照明策略，实现按需照明、分时照明等节能措施，有效降低能耗。

第二，智能化管理。通过物联网技术实现对照明系统的远程控制和管理，提高系统的智能化水平和管理效率。

第三，个性化服务。根据用户需求和环境变化自动调整照明策略，为用户提供个性化的照明服务。

第四，安全性高。云计算管理平台具有强大的安全防护能力，可以保障照明数据的安全性和完整性。同时，物联网设备也采用了多种安全加密技术，确保数据传输安全可靠。

四、基于云计算的物联网智慧照明的应用领域

基于云计算的物联网智慧照明的应用在当代智能家居和建筑领域具有重要意义。智慧照明系统作为智能家居的核心组成部分，其在节能、安全、个性化等方面的优势逐渐显现，与云计算技术的结合将进一步提升其智能化水平和应用范围。

（一）智能家居市场领域

随着智能家居行业的快速发展，智慧照明系统在家居领域的应用越发成熟。通过云计算技术，智慧照明系统能够实现与其他智能设备的联动和远程控制，提供更加便捷、智能的家居体验。例如，用户可以通过手机 App 随时随地控制家中灯光的亮度、颜色和场景，实现个性化的照明设置。同时，智慧照明系统还能够自动感知环境光线和用户习惯，实现智能调节，提升能源利用效率和舒适度。

（二）智能建筑领域

在绿色建筑和可持续发展的背景下，智慧照明在智能建筑中扮演着重要角色。通过云计算技术，智慧照明系统可以实现与建筑其他系统的集成和优化，实现对灯光的精准控制和节能管理。例如，在楼宇管理中，智慧照明系统可以根据建筑结构、自然光线和人员活动情况等因素，智能调节灯光亮度和开关状态，最大程度地减少能耗和运营成本。同时，智慧照明系统还能够提供实时数据监测和分析，为建筑运营和管理提供科学依据，实现智能化管理和维护。

（三）智慧路灯领域

智慧照明系统在智慧城市建设中扮演着重要角色。通过云计算技术，智慧路灯可以实现远程监控和管理，实现对城市照明系统的集中控制和智能调节。智慧路灯在未来是物联网重要的信息采集载体，是智慧城市建设中不可缺少的重要组

成部分，将会成为智慧城市信息采集数据终端和便民服务终端❶。例如，智慧路灯可以根据交通流量、环境亮度和节能要求等因素，自动调节灯光亮度和开关状态，提升城市照明效率和安全性。同时，智慧路灯还可以集成传感器和通信设备，实现对环境数据的实时采集和分析，为城市规划和管理提供科学依据。

第三节　基于云计算的物联网可视化污染源监控系统

随着我国经济的高速增长，环境挑战愈发严峻，这迫切要求构建全面、系统且高效的节能减排统计、监测和考核机制。在统计、核算和监测方法上，我们需要不断创新和完善，以确保能源统计数据的全面性、精确性和时效性，实现监测数据的即时捕获、科学管理和广泛共享。此举旨在助力生态环境部对污染源排放量的实时、有效监督，并通过信息公开化，促进全民参与，共同构筑环境保护的长效防线。

鉴于此，安装污染源在线监控设备于污染源企业，实时反馈其运行状况及污染物排放信息，成为节能减排工作的关键举措。生态环境部通过运行管理监控平台和污染物排放自动监控系统，不仅能实现数据的实时捕捉和分析，还能推动污染源在线监控数据信息共享的技术革新和应用深化。这标志着我国环保物联网建设的全面推进，对完成节能减排任务具有至关重要的意义。

环境质量检测、污染源在线监控以及卫星遥感技术，共同构成了环保物联网中环境自动监控体系的三大支柱。它们分别针对点源、线源和面源进行全方位监控，覆盖污染源、河流、区域及生态等多个层面。其中，污染源在线监控系统作为环保物联网的核心组成部分，是对物联网技术深度应用的典范。该系统将传统的污染源排放事后监管转变为前置预防，是生态环境部三大减排体系建设中的关键一环，对于提升我国环境保护工作的前瞻性和实效性具有不可替代的作用。

一、环保物联网的特点与系统功能

（一）环保物联网的特点

在深入探讨环保物联网的特点时不难发现，它作为物联网技术在环保领域的杰出应用，展现出了其独特且复杂的特质。环保物联网通过集成传感器、视频监控、GPS、红外探测、RFID、卫星遥感等多元化技术，构建了一个高效、精准的生态环境监测体系。这一体系能够实时采集污染源、环境质量、生态等多方面的监控信息，从而推动环境信息资源的高效传递和精准应用。

---

❶ 汪丛斌，陈小刚．广域融合物联网在智慧照明运维中的应用［J］．智能建筑电气技术，2022，16（1）：46-50．

第一，环保物联网的特点体现在其建设的复杂性和高难度上。由于涉及传感器、摄像头、卫星等多类设备的集成应用，以及海量数据的实时处理，使得环保物联网在构建过程中面临着巨大的技术挑战。这些设备需要能够感知环境质量和污染物的多种信息，数据量巨大且类型多样，对数据处理和分析能力提出了极高的要求。

第二，环保物联网对各类信息的整合与共享提出了极高的要求。由于环保物联网需要覆盖全国不同的地区，监控地域广泛，往往需要打破地域限制，实现跨区域的信息共享。环保物联网还需要与交通、公共安全等行业进行信息交互，为这些系统提供交通安全、风险预防等服务，进一步增加了信息整合与共享的难度。

第三，环保物联网前端传感与数据采集设备的稳定性和可靠性是其成功的关键。这些设备往往安放在恶劣的环境下，对仪器的搭建和维护提出了高标准。前端传感设备还需要综合采用化学、生物等方法以及电子转换部件来完成环保监控参数的探测和数字化，同时结合网络技术应用，实现数据的实时传输和处理。这些都对技术的综合应用提出了较高的要求。

第四，环保物联网需要政府、企业、公民的全员参与。环保事业关系到社会发展的方方面面，仅仅依靠政府的资金投入和监管是远远不够的。需要企业的积极参与，通过技术创新和产业升级，推动环保物联网的发展；也需要公民的广泛参与，发挥集体监督的力量，满足公民对信息公开的需求。只有全社会共同参与，才能建立一个全方位、健康可持续发展的环保体系。

（二）环保物联网的系统功能

环保物联网的系统功能架构呈现为一个多层次、相互关联的结构，其组成包括用户层、应用层、支撑层、传输层和感知层。这一架构旨在实现环境信息的全面采集、高效传输、智能处理与精准应用。

用户层作为环保物联网的终端服务对象，涵盖了环保管理、监测、研究部门，以及污染物排放、污染治理企业、社会机构与广大社会公众。这一层次的用户需求多样，构成了环保物联网应用的核心驱动力。

应用层承载着环保物联网的各类服务与应用。该层包含环保物联网应用门户和业务应用系统，其中门户为用户提供统一的访问入口和交互界面，便于用户获取所需的服务和资源；而业务应用系统则专注于环境质量监测、污染源监控、环境风险应急处理、综合管理与服务等核心功能，以满足不同用户的特定需求。

支撑层作为整个架构的基石，由IT基础设施和环保物联网应用统一支撑平台构成。这一层次依托强大的基础设施和软件服务，实现了共性应用功能的构造，为上层应用提供了坚实的支撑。

传输层作为信息传递的桥梁，由环保政务专网、电信网、互联网、广播电视网等多种网络构成。这一层次负责实现环境信息在环保部门间的快速、高效传递，确保了信息的实时性和准确性。

感知层是环保物联网的感知器官，通过部署多种环境监测设备，实现对环境质量和污染源等相关监测信息的实时采集。这一层次为整个系统提供了丰富的数据源，是环保物联网实现智能化、精准化管理的关键所在。

二、环保物联网的系统设计

（一）感知层：移动终端系统

感知层作为环保物联网的基础，负责实时、准确地采集环境数据。其中，移动终端系统作为感知层的核心组成部分，具备高度集成化和智能化的特点。该系统通过集成各种传感器和数据采集设备，能够实现对环境质量、污染源排放等信息的实时监测和数据采集。同时，移动终端系统还具备强大的数据处理和传输能力，能够将采集到的数据经过初步处理后，通过无线通信网络传输至后端服务器，为后续的数据分析和决策提供有力支持。

在移动终端系统的设计中，我们注重系统的稳定性和可靠性。通过采用先进的嵌入式技术和低功耗设计，确保系统在长时间运行下依然保持高效稳定。此外，还充分考虑系统的可扩展性和可维护性，通过模块化设计和标准化接口，方便后续的功能扩展和设备升级。

（二）支撑层：云计算系统平台

支撑层作为环保物联网的支撑和保障，承担着数据处理、存储和分析等重要任务。云计算系统平台作为支撑层的核心，具备强大的数据处理能力和灵活的可扩展性。该平台通过虚拟化技术，将计算资源、存储资源等进行池化管理，实现资源的动态分配和高效利用。同时，云计算系统平台还提供丰富的数据服务接口，支持各种数据分析和挖掘工具的应用，为环保物联网的智能化管理提供有力支持。

在云计算系统平台的设计中，应注重系统的安全性和可靠性。通过采用先进的安全技术和加密手段，确保数据在传输和存储过程中的安全性。同时，还建立完善的容灾备份机制，确保在系统发生故障时能够迅速恢复数据和服务。

（三）应用层：污染源在线监控数据管理平台

应用层作为环保物联网的顶层应用，直接面向用户和管理者。污染源在线监控数据管理平台作为应用层的核心，具备丰富的功能和强大的管理能力。该平台通过集成多种数据分析和挖掘工具，能够实现对污染源排放数据的实时监测、预警和统计分析等功能。同时，该平台还支持多用户并发访问和权限管理等功能，方便不同用户根据自身需求进行数据查询和管理。

在污染源在线监控数据管理平台的设计中，应注重系统的易用性和实用性。通过采用直观易懂的图形化界面和人性化的操作流程设计，降低用户的学习成本和使用难度。同时，还充分考虑了用户的实际需求和使用习惯，提供个性化的定制服务和技术支持，确保系统能够满足用户的多样化需求。

第四节　智慧城市建设中的物联网安全与评估

物联网技术的快速发展，极大地推动了我国人民的智能化与信息化生活[1]。智慧城市已成为现代城市发展的重要方向，智慧城市通过整合信息和通信技术，优化城市管理、公共服务、环境保护等方面，以提高城市运行效率和质量，促进城市可持续发展。然而，在智慧城市建设过程中，物联网安全问题日益凸显，成为制约其健康发展的关键因素。因此，对物联网安全进行评估和保障，成为智慧城市建设中的一项重要任务。

一、物联网安全在智慧城市中的重要性

物联网作为智慧城市的核心技术之一，其安全性直接关系到整个城市的稳定运行和居民的生活质量。物联网安全涉及硬件、软件和系统中的数据保护，确保其不因偶然的或恶意的行为而遭到破坏、更改、泄露。在智慧城市中，物联网技术广泛应用于交通、环保、公共服务等多个领域，一旦物联网系统遭受攻击或破坏，将给城市运行带来巨大风险。因此，加强物联网安全评估和保障，对于确保智慧城市的稳定运行具有重要意义。

二、物联网安全评估的内容与方法

（一）评估内容

物联网安全评估主要包括以下方面：

第一，硬件安全。评估物联网设备、传感器等硬件设施的物理安全、电磁安全等方面，确保其不受物理攻击和非法访问。

第二，软件安全。评估物联网系统中软件的安全性，包括操作系统、应用软件等，防止软件漏洞被利用。

第三，数据安全。评估物联网系统中数据的保密性、完整性、可用性等方面，确保数据不被非法读取、篡改或泄露。

第四，网络安全。评估物联网系统的网络安全性，包括网络架构、通信协议、加密技术等，防止网络攻击和数据泄露。

（二）评估方法

物联网安全评估可以采用多种方法，包括静态分析、动态测试、渗透测试等。静态分析主要对物联网系统的代码、配置等进行审查，以发现潜在的安全漏

---

[1] 何文静.当代物联网技术发展的困境和解决方案探析［J］.信息系统工程，2018（11）：154.

洞。动态测试则通过模拟实际攻击场景，对物联网系统的安全性能进行测试。渗透测试则由专业的安全团队对物联网系统进行攻击，以检验系统的安全防御能力。

三、物联网安全在智慧城市建设中的应用

第一，实时监控与预警。通过物联网技术实现对城市各个区域的实时监控，及时发现安全隐患并进行预警，防止安全事故的发生。

第二，智能化管理。利用物联网技术实现城市安全管理的智能化，通过数据分析和处理，对安全风险进行精准识别和管理，提高安全管理效率。

第三，跨部门协同。物联网技术可以实现城市安全管理部门之间的信息共享和协同工作，打破信息孤岛，提高协同效率。

四、加强物联网安全评估与保障的措施

为了加强物联网安全评估与保障，可采取一系列措施，以确保物联网系统的稳健性和可信度。

第一，制定全面的物联网安全标准和规范，明确物联网安全评估的要求和方法。这包括确立各种物联网设备和系统的安全性指标，规定相关安全措施和流程，并提供评估所需的具体指南和工具。

第二，加强对物联网技术的研发和创新，注重安全性在设计和开发阶段的整合。这意味着在物联网设备和系统的设计过程中，应当考虑到安全性和可靠性，并不断改进和更新技术，以应对不断演变的安全威胁。

第三，建立专门的物联网安全评估机构和专业团队，为各类企业和组织提供专业的安全评估服务。这些机构和团队应当具备丰富的经验和专业知识，能够对物联网系统进行全面的安全评估，并提供有针对性的改进建议和解决方案。

第四，加强物联网安全培训和宣传，提高公众对物联网安全的认识和重视程度。这包括向企业、政府部门和普通用户提供针对物联网安全的培训课程，增强他们的安全意识和技能，以及通过各种途径宣传物联网安全的重要性，促使更多人参与到物联网安全保障的工作中来。

第五，建立完善的物联网安全应急响应机制，及时发现和处理安全事件，减少可能造成的损失。这需要建立一套灵活而高效的安全响应流程，包括监测和检测安全事件的能力、快速响应和处置安全事件的措施，以及对事件后续处理和总结的机制，以不断提升物联网系统的应对能力和安全水平。

智慧城市建设中的物联网安全与评估是一个复杂而重要的问题。通过加强物联网安全评估与保障，可以确保智慧城市的稳定运行和居民的生活质量。未来，随着物联网技术的不断发展和应用，物联网安全将面临更多的挑战和机遇。因此，要不断探索和创新物联网安全评估与保障的方法和技术，为智慧城市的发展提供坚实的安全保障。

参 考 文 献

[1] 白蛟，全春来，郭镇．基于物联网的公共安全云计算管理平台 [J]．计算机工程与设计，2011，32（11）：3696-3700．

[2] 曹文杰，许健．数字孪生技术在引洮供水工程中的应用 [J]．水利技术监督，2024（4）：304-308．

[3] 陈祖歌，毛冬，饶涵宇，等．面向物联网云计算的能源大数据存储优化算法 [J]．浙江电力，2023，42（8）：19-26．

[4] 程德昊，何元清，蔡春昊．基于阿里云物联网平台的数据可视化 [J]．电脑知识与技术，2020，16（22）：50-51，53．

[5] 戴晖，舒松．物联网体系结构和关键技术研究 [J]．湖北成人教育学院学报，2014（6）：1．

[6] 邓鹏，张诗媛，王旭滢．水利泵闸工程安全管理中数字孪生技术的应用研究 [J]．水利信息化，2024（2）：16-20，35．

[7] 冯仕豪．物联网与数据可视化技术在网页设计中的应用 [J]．电子技术，2024，53（2）：340-341．

[8] 冯云，汪贻生．物联网概论 [M]．北京：首都经济贸易大学出版社，2013．

[9] 何文静．当代物联网技术发展的困境和解决方案探析 [J]．信息系统工程，2018（11）：154．

[10] 吉朝辉，李中亮．虚拟云计算在企业中的应用探讨 [J]．石油化工建设，2021，43（S2）：156．

[11] 姜迪清，张丽娜．基于云计算和物联网的网络大数据技术研究 [J]．计算机测量与控制，2017，25（11）：183-185，189．

[12] 雷根，张弛，杨宏．我国物联网国际标准化发展历程与成效 [J]．信息技术与标准化，2023（5）：16-20．

[13] 李欣泽，邓昀，陈守学．基于物联网的数据分析结果可视化系统的设计 [J]．科技创新与应用，2021，11（32）：36-40．

[14] 李长鹏，程涛，梁建国．云计算与物联网技术的数据挖掘分析 [J]．电子测试，2021（13）：139-140，36．

[15] 李兆延，罗智，易明升．云计算导论 [M]．北京：航空工业出版社，2020．

[16] 刘驰，韩锐，赵健鑫．物联网技术概论 [M]．3 版．北京：机械工业出版社，2021．

[17] 刘赛娥．云计算访问控制技术的运用及论述 [J]．环球市场信息导报，2017（48）：123．

[18] 马飞，李丽，王炼，等．云计算环境下物联网运营平台设计研究 [J]．物流技术，2013，32（7）：408-410．

[19] 马长胜，刘贤锋．我国物联网及职业资格标准化发展现状研究 [J]．产业与科技论坛，2017，16（9）：101-102．

[20] 裴爱根，戚绪安，刘云飞，等．基于五维模型的数字孪生树状拓扑结构 [J]．计算机应用研究，2020，37（S1）：240．

[21] 裴颖，黄隽．乡村振兴背景下数据可视化在环境设计中的应用研究 [J]．玩具世界，2024（3）：191-193．

[22] 渠淑洁，高翔．医学数字孪生涉及的伦理问题论析 [J]．中国医学伦理学，2024（5）：1-7．

[23] 宋静．云计算环境中应用安全认证机制研究 [J]．黑河学院学报，2022，13（7）：182．

[24] 孙建刚，刘月灿，王怀宇，等．基于 PDCA 模型的云资源管理方法研究 [J]．现代计算机，2022，28（24）：62．

[25] 陶飞，刘蔚然，刘检华，等．数字孪生及其应用探索 [J]．计算机集成制造系统，2018，24（1）：18．

[26] 陶飞，刘蔚然，张萌，等．数字孪生五维模型及十大领域应用 [J]．计算机集成制造系统，2019，25（1）：1-18．

[27] 童威，黄启萍．基于云计算的数据安全保护关键技术分析 [J]．信息与电脑，2021，33（21）：

200-202.

[28] 汪丛斌，陈小刚．广域融合物联网在智慧照明运维中的应用［J］．智能建筑电气技术，2022，16（1）：46-50.

[29] 王庆喜，陈小明，王丁磊．云计算导论［M］．北京：中国铁道出版社，2018.

[30] 王艺．云计算在物联网中的应用模式浅析［J］．电信科学，2011，27（12）：26-30.

[31] 王银辉．基于云计算视野的商业模式创新性研究［J］．现代商业，2016（27）：137.

[32] 韦宁．云计算管理平台中网络安全的关键技术应用研究［J］．网络安全技术与应用，2024（4）：82-84.

[33] 吴昊宇．云计算架构下网络信息安全分析［J］．数码世界，2018（8）：130.

[34] 许志强，唐景峰，杨雯惠，等．物联网大数据可视化开发与应用［J］．信息系统工程，2020（6）：126-127.

[35] 杨政安．大数据可视化分析技术运用探析［J］．科技创新与应用，2023，13（32）：46.

[36] 杨智明，尹芳．基于"互联网＋物流"的标准化体系构建［J］．信息记录材料，2019，20（2）：221-222.

[37] 张丹．基于密钥分层管理结构的云计算访问控制方案研究［J］．信息与电脑，2023，35（3）：37-39.

[38] 张国梁，李政翰，孙悦．基于分层密钥管理的云计算密文访问控制方案设计［J］．电脑知识与技术，2022，18（18）：26.

[39] 张治兵，倪平，付凯，等．云服务安全认证现状研究［J］．信息通信技术与政策，2018（9）：55.

[40] 章瑞．云计算［M］．重庆：重庆大学出版社，2019.

[41] 赵霞，曹晓均，李小华．医学数字孪生应用研究与关键技术探析［J］．医学信息学杂志，2023，44（4）：12-16.

[42] 钟小军，杨磊，黄莉旋，等．农村综合信息服务平台云存储技术研究与应用［J］．广东农业科学，2015，42（3）：170.

[43] 周新丽．物联网概论［M］．北京：北京邮电大学出版社，2016.

[44] 朱婧，郑美容．云计算安全分析与研究［J］．信息与电脑，2019，31（17）：213-215.